대학수학의 기초 I

경북대학교 교양교육센터

KM 경문사

대학수학의 기초 1

지은이 경북대학교 교양교육센터
펴낸이 조경희
펴낸곳 경문사
펴낸날 2025년 3월 3일 1판 1쇄
등 록 1979년 11월 9일 제1979-000023호
주 소 04057, 서울특별시 마포구 와우산로 174
전 화 (02)332-2004 팩스 (02)336-5193
이메일 kyungmoon@kyungmoon.com

값 23,000원

ISBN 979-11-6073-566-6

머리말

우리는 실생활에서 일어나는 다양한 현상에 대한 해답을 찾고, 제기되는 문제에 대한 결과를 예측하기 위해 수학적 모델과 기법을 활용한다. 대학에서 많은 전공 분야를 공부하기 위해서는 미분적분학, 선형대수학, 미분방정식 등의 수학적 지식뿐만 아니라 수학적인 사고가 필요하다. 특히 미분적분학에 대한 깊은 이해는 이공계뿐만 아니라 경상계열 일부 전공 학문에도 필수적이다.

대학 입시 전형에서 학생들의 선택과 집중으로 인해 강의실 내 수강생들 간에 큰 편차가 발생하게 되었다. 이로 인해 강의의 효율성과 학생들의 성취도를 높이기 위해서는 이러한 편차를 줄이는 것이 매우 중요해졌다. 이 교재는 대학수학의 기초를 다지는 데 중점을 두고, 미분적분학을 학습하는 데 필요한 기본 지식이 부족한 학생들이 함수의 기본 개념을 이해하고, 미분적분학에서 다루는 초등함수들을 쉽게 다룰 수 있도록 구성하였다. 또한, 기본적인 극한과 미분, 적분의 개념을 이해하고 계산하는 데 집중하였고, 용어와 내용의 서술에 있어 일관성과 계통성을 유지하기 위해 노력하였다. 이 교재를 통해 학생들이 미분적분학에 대한 깊은 이해를 쌓고, 이를 바탕으로 미분과 적분의 응용 및 활용 능력을 키울 수 있기를 바란다.

교재의 구성에 있어 부족한 부분은 지속적으로 보완하고 개선하여, 더 나은 모습으로 발전시킬 수 있도록 최선의 노력을 다하겠다. 또한, 보완 및 수정이 필요한 부분에 대한 귀한 조언 및 지적을 부탁드린다.

경북대학교 교양교육센터 수리영역

차 례

01 함수

1.1 함수와 함수의 연산

정의 1.1.1 [함수]

두 집합 X, Y에 대하여, X의 각 원소 x를 Y의 오직 하나의 원소 y로 보내는 대응 f를 X에서 Y로의 **함수(function)**라고 하고,

$$f : X \to Y \ (\text{간단히 } f \text{ 또는 } f(x))$$

와 같이 나타낸다. 이때

(1) y를 x의 **상(image)**, 또는 x의 **함숫값(function value)**이라 하고,

$y = f(x)$로 나타낸다.

(2) X를 f의 **정의역(domain)**이라고 하고,

Y를 f의 **공역(codomain)**이라고 하며

$f(X) = \{f(x) \mid x \in X\}$를 f의 **치역(range)**이라고 부른다.

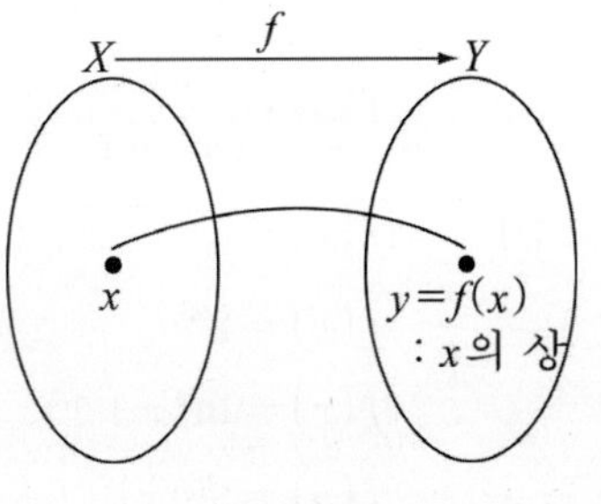

예제 1.1.1 함수 $f(x) = 2x - 1$의 정의역이 $\{x \mid 0 \leq x \leq 4\}$일 때, 함수 f의 치역을 구하여라.

풀이 $0 \leq x \leq 4$이면 $0 \leq 2x \leq 8$이고 $-1 \leq 2x - 1 \leq 7$이다.
따라서 함수 f의 치역은 $\{y \mid -1 \leq y \leq 7\}$이다. ∎

예제 1.1.2 함수 $f(x)=x^2$와 $g(x)=2-\sqrt{4-x}$의 정의역과 치역을 구하여라.

풀이 f의 정의역은 실수의 집합이고 치역은 $\{x|x \geq 0\}$이다.
g의 정의역은 $\{x|x \leq 4\}$이고 치역은 $\{x|x \leq 2\}$이다. ∎

유제 1.1.1 함수 $g(x)=\dfrac{1}{x^2-x}$의 정의역을 구하여라.

유제 1.1.2 함수 $g(x)=\dfrac{x^2-4}{x-2}$의 정의역과 치역을 구하여라.

주의: 미적분학에서 다루는 함수들은 정의역을 실수의 범위에서 가져온다. 즉 정의역은 실수의 집합의 부분집합이다. 앞으로 함수의 정의역에 대한 언급이 생략되면 실수의 집합의 부분집합으로 생각한다. 미적분학에서 다루는 함수들은 다음의 함수들과 함수들의 사칙연산과 함수의 합성들에 의해 만들어지는 함수들이다.

(1) 다항함수 $f(x)=2x+3$

(2) 유리함수 $f(x)=\dfrac{x-1}{x^2+1}$

(3) 무리함수(멱함수) $f(x)=\sqrt{4-x}$, $(f(x)=x^{\pi})$

(4) 지수함수 $f(x)=2^x$

(5) 로그함수 $f(x)=\ln(x+1)$

(6) 삼각함수 $f(x)=\sin x$

(7) 역삼각함수 $f(x)=\sin^{-1}x$

(8) 쌍곡선함수 $f(x)=\sinh x$

(9) 역쌍곡선함수 $f(x)=\sinh^{-1}x$

이 책에서는 삼각함수까지만을 다루고 일반적인 미분적분학에서는 멱함수를 포함하여 역삼각함수, 쌍곡선함수, 역쌍곡선함수까지 모두를 다룬다.

지금부터 함수의 연산과 함수의 합성, 함수의 그래프와 그래프의 이동을 소개하고, 함수의 그래프를 이해하는데 필요한 함수의 기본성질들과 함수의 합성 그리고 역함수의 정의, 그래프의 이동 등을 설명하고 다음 절에서 다항함수, 유리함수, 무리함수의 소개를 시작으로 지수함수, 로그함수, 삼각함수를 소개하고자 한다.

정의 1.1.2 [함수의 연산]

주어진 함수 f, g와 상수 c에 대하여, 함수 $f+g$, $f-g$, fg, $\dfrac{f}{g}$와 cf는 다음과 같이 정의되는 함수이다.

(1) $(f+g)(x)=f(x)+g(x)$

(2) $(f-g)(x)=f(x)+g(x)$

(3) $(fg)(x)=f(x)g(x)$

(4) $\left(\dfrac{f}{g}\right)(x)=\dfrac{f(x)}{g(x)}$

(5) $(cf)(x)=cf(x)$

여기에서 f와 g의 정의역을 각각 A와 B라고 하면, $f+g$, $f-g$, fg의 정의역은 $A\cap B$, cf의 정의역은 A이고 $\dfrac{f}{g}$의 정의역은 $(A\cap B)-\{x\,|\,g(x)=0\}$이다.

예제 1.1.3 $f(x)=x+1$와 $g(x)=\sqrt{x-1}$일 때, 함수 $f+g$, $f-g$, fg, $\dfrac{f}{g}$의 정의역을 구하여라.

*** **풀이** f의 정의역은 실수의 집합이고 g의 정의역은 $\{x\,|\,x\geq 1\}$이므로 $f+g$, $f-g$, fg의 정의역은 $\{x\,|\,x\geq 1\}$이다. 한편 $g(1)=0$이므로 $\dfrac{f}{g}$의 정의역은 $\{x\,|\,x>1\}$이다. ∎

유제 1.1.3 $f(x) = \sqrt{1-x^2}$와 $g(x) = \dfrac{1}{x}$일 때, 함수 $f+g$, $f-g$, fg, $\dfrac{f}{g}$의 정의역을 구하여라.

> **정의 1.1.3 [합성함수]**
>
> 주어진 함수 f와 g의 **합성(composite function)** $f \circ g$는 다음과 같이 정의한다.
>
> $$(f \circ g)(x) = f(g(x))$$
>
> 여기에서 f와 g의 정의역을 각각 A와 B라고 하면 $f \circ g$의 정의역은 $\{x \in B \mid g(x) \in A\}$이다.

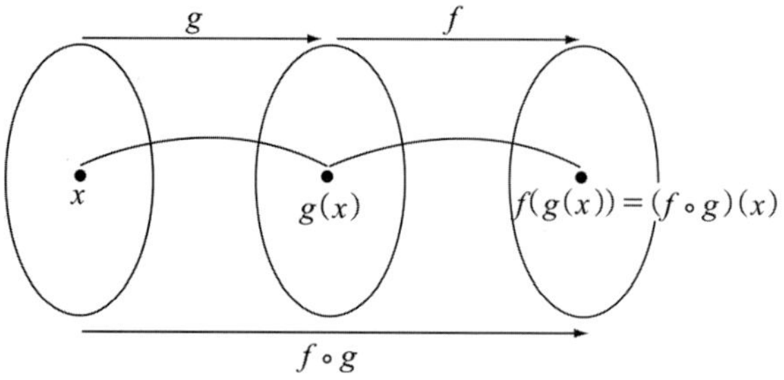

예제 1.1.4 $f(x) = \sqrt{x}$와 $g(x) = x+1$에 대하여, $f \circ g$와 $g \circ f$를 구하고 각각의 정의역을 구하여라.

*** **풀이** $(f \circ g)(x) = f(g(x)) = f(x+1) = \sqrt{x+1}$이고

$f \circ g$의 정의역은 $\{x \mid x \geq -1\}$이다.

$(g \circ f)(x) = g(f(x)) = g(\sqrt{x}) = \sqrt{x}+1$이고

$f \circ g$의 정의역은 $\{x \mid x \geq 0\}$이다. ∎

유제 1.1.4 $f(x) = x^2$와 $g(x) = \dfrac{1}{x-1}$에 대하여, $f \circ g$와 $g \circ f$를 구하고 각각의 정의역을 구하여라.

정의 1.1.4 [함수의 그래프]

함수 $f: X \to Y$에 대하여, 집합 $\{(x, f(x)) \mid x \in X\}$를 f의 **그래프(graph)**라 하고, 좌표평면 상의 점들로 나타낸 것을 함수 f의 **그래프(graph)**라고 하기도 한다.

예제 1.1.5 함수 $f(x) = x + 1$의 정의역이 $\{0, 1, 2, 3\}$일 때, 함수 f의 그래프를 구하여라.

풀이 $f(0) = 1$, $f(1) = 2$, $f(2) = 3$, $f(3) = 4$이므로 f의 그래프는 $\{(0,1), (1,2), (2,3), (3,4)\}$이고 이를 좌표평면에 나타내면 다음과 같다.

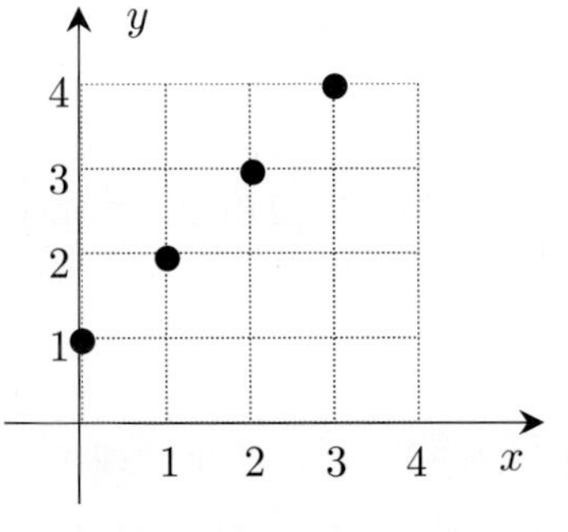

∎

유제 1.1.5 다음 그림에서 함수의 그래프를 나타내고 있는 것을 말하고, 함수의 그래프가 아닌 것은 그 이유를 말하여라.

(1) (2) (3)

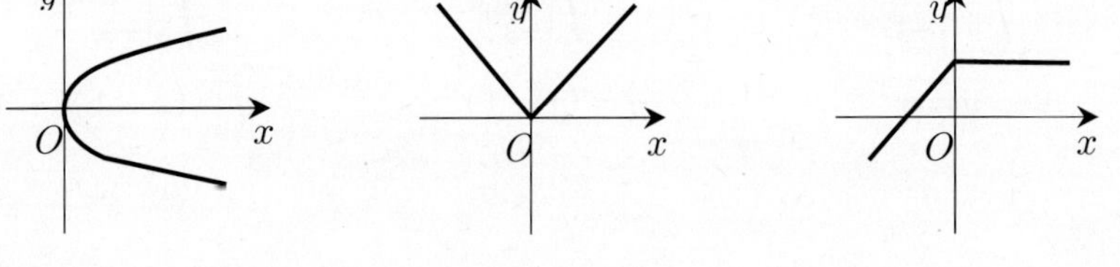

[그래프의 이동]

함수 $y=f(x)$의 그래프가 주어져 있을 때

(1) 함수 $y=f(x-c)$ (c는 상수)의 그래프는 $y=f(x)$의 그래프를 **x축 방향으로 c만큼 평행이동**한 것이다.

(2) 함수 $y=f(x)+c$ (c는 상수)의 그래프는 $y=f(x)$의 그래프를 **y축 방향으로 c만큼 평행이동**한 것이다.

(3) 함수 $y=-f(x)$의 그래프는 $y=f(x)$의 그래프를 **x축에 대칭이동**한 것이다.

(4) 함수 $y=f(-x)$의 그래프는 $y=f(x)$의 그래프를 **y축에 대칭이동**한 것이다.

(5) 함수 $y=-f(-x)$의 그래프는 $y=f(x)$의 그래프를 **원점에 대칭이동**한 것이다.

예제 1.1.6 함수 $y=x^3$의 그래프를 그리고, 이를 이용하여 $y=(x-1)^3+3$의 그래프를 그려라.

풀이 $y=(x-1)^3+3$의 그래프는 $y=x^3$의 그래프를 x축 방향으로 1만큼 평행이동하고 y축 방향으로 3만큼 평행이동한 것이다.

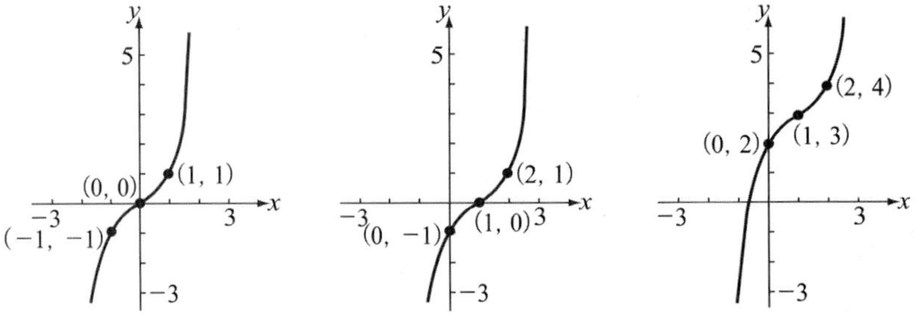

$y=x^3$ $y=(x-1)^3$ $y=(x-1)^3+3$ ∎

유제 1.1.6 함수 $y=f(x)$의 그래프가 다음 그림과 같을 때, $y=-f(x)$, $y=f(-x)$와 $y=-f(-x)$의 그래프를 그려라.

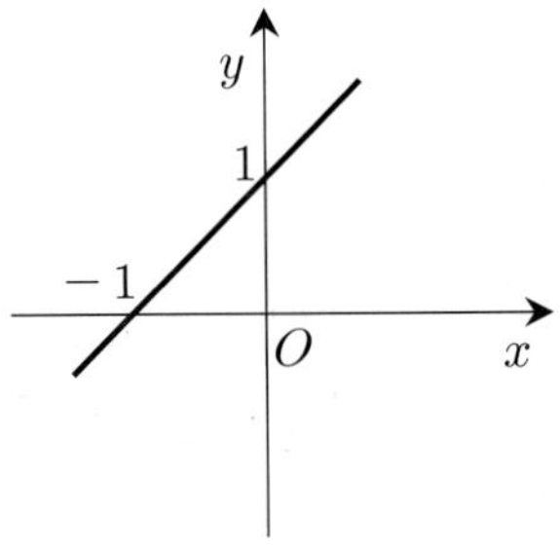

TMI 우리는 실생활에서 일어나는 여러 가지 현상들에 대해 해답을 찾고 싶어 하고 문제들에 대해서는 결과를 예측하고자 한다. 해답을 찾고 결과를 얻는 데에는 여러 가지 방법들이 있겠지만 모델링을 통하여 수학적인 모델로 풀어가는 문제에 있어서 수학적인 모델들에 다양한 함수들이 관여를 한다 − 다항함수, 유리함수, 무리함수, 지수함수, 로그함수, 삼각함수 등. 이러한 함수들을 다루는 데 있어서 가장 기본적으로 해야 할 일은 함수들을 이해하고 그래프의 개형을 파악하는 것이다. 함수 $y=f(x)$의 그래프의 개형을 그리는데 필요한 기본적인 정보들은 다음과 같다.

(1) 정의역과 치역

(2) 절편

(3) 대칭성

(4) 점근선

(5) 증가구간과 감소구간

(6) 극댓값과 극솟값

(7) 오목성과 변곡점

이러한 정보들 중에는 극한과 미분을 이용하여 정보를 얻는 것도 있다. 1장에서는 우선 그래프의 개형 그리기에 필요한 용어들을 설명하고, 다음으로 여러 함수들을 소개하면서 그 함수의 기본적인 그래프의 개형을 그리기 위한 정보들을 설명하겠다. 본격적인 그래프의 개형을 그리기 위한 정보를 얻는 방법은 함수의 극한과 미분의 응용에서 자세히 다룬다.

정의 1.1.5 [절편]

함수 $y=f(x)$의 그래프의 x절편과 y절편은 다음과 같이 정의한다.

(1) 그래프와 x축이 만나는 점의 x좌표를 x**절편**(x**-intercept**)라고 한다.

(2) 그래프와 y축이 만나는 점의 y좌표를 y**절편**(y**-intercept**)라고 한다.

정리 1.1.1

함수 $y=f(x)$에 대하여

(1) 방정식 $f(x)=0$의 해는 그래프의 x절편이고,

(2) 함숫값 $f(0)$는 그래프의 y절편이다.

예제 1.1.7 함수 $f(x)=x^2-4x+3$의 그래프의 x절편과 y절편을 구하여라.

*** **풀이** $x^2-4x+3=(x-1)(x-3)=0$이므로 x절편은 1과 3이고
$f(0)=3$이므로 y절편은 3이다. ∎

유제 1.1.7 함수 $f(x)=1+\dfrac{2}{x-1}$의 그래프의 x절편과 y절편을 구하여라.

[방정식과 부등식]

다음과 같이 두 수 또는 미지수를 포함하는 식의 관계를 등호로 연결된 식을 **방정식**이라고 하고, 부등호로 연결된 식을 **부등식**이라 한다.

$$x^2-4x+3=0,\quad x^2-4x+3\geq 0$$

방정식이 참이 되게 하는 미지수의 값을 방정식의 **해**라고 하고 방정식의 모든 해를 구하는 것을 **방정식을 푼다**고 한다. 또한 부등식이 참이 되게 하는 미지수의 값을 부등식의 **해**라고 하고 부등식의 모든 해를 구하는 것을 **부등식을 푼다**고 한다.

예제 1.1.8 방정식 $x^2-4x+3=0$의 해를 구하여라.

*** **풀이** $x^2-4x+3=(x-1)(x-3)=0$이므로 $x=1,3$이다. ∎

유제 1.1.8 부등식 $x^2-4x+3\geq 0$의 해를 구하여라.

[구간]

두 실수 사이의 모든 실수들의 집합을 **구간(interval)**이라고 하고, 구간을 일반적으로 I로 나타낸다. 다음과 같은 구간의 종류가 있다.

$$[a,b]=\{x \mid a\leq x\leq b\},\qquad (a,b]=\{x \mid a<x\leq b\}$$
$$[a,b)=\{x \mid a\leq x<b\},\qquad (a,b)=\{x \mid a<x<b\}$$

특히, (a,b)를 **개구간(open interval)**, $[a,b]$를 **폐구간(closed interval)**이라고 한다.

정의 1.1.6 [증가함수, 감소함수, 상수함수]

f는 구간 I에서 정의된 함수라고 하자.
임의의 두 점 $x_{1,}\ x_2 \in I\ (x_1 < x_2)$대하여,

(1) $f(x_1) < f(x_2)$일 때, 구간 I에서 f는 **증가(increasing)**한다고 하고, I는 f의 **증가하는 구간**이라 하고, 구간 I에서 f는 **증가함수(increasing function)**라 한다.

(2) $f(x_1) > f(x_2)$일 때, 구간 I에서 f는 **감소(increasing)**한다고 하고, I는 f의 **감소하는 구간**이라 하고, 구간 I에서 f는 **감소함수(increasing function)**라 한다.

(3) $f(x_1) = f(x_2)$일 때, 구간 I에서 f는 **상수(constant)**라고 하고, I는 f의 **상수인 구간**이라 하고, 구간 I에서 f는 **상수함수(constant function)**라고 한다.

예제 1.1.9 함수 f의 그래프가 다음 그림과 같이 나타난다고 하자. 함수 f가 증가하는 구간, 감소하는 구간과 상수인 구간을 구하여라.

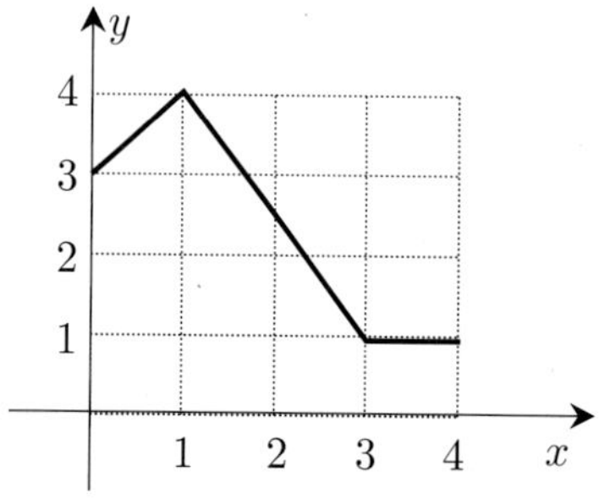

풀이 f가 증가하는 구간은 $\{x|0 \le x \le 1\}$ (또는 $[0,1]$),
감소하는 구간은 $\{x|1 \le x \le 3\}$ (또는 $[1,3]$),
상수인 구간은 $\{x|3 \le x \le 4\}$ (또는 $[3,4]$)이다. ∎

정의 1.1.7 [주기함수]

상수함수가 아닌 함수 f의 정의역의 모든 x에 대하여 $f(x+p)=f(x)$를 만족하는 양수 p가 존재할 때, f를 **주기함수(periodic function)**라고 한다. 이때, 이런 p 중에서 가장 작은 양수를 **주기(period)**라고 한다.

예제 1.1.10 함수 $f(x)$가 모든 실수 x에 대하여 $f(x+2)=f(x)$를 만족하고 $y=f(x)$의 그래프의 일부가 다음 그림과 같을 때, $f(2025)$의 값을 구하여라.

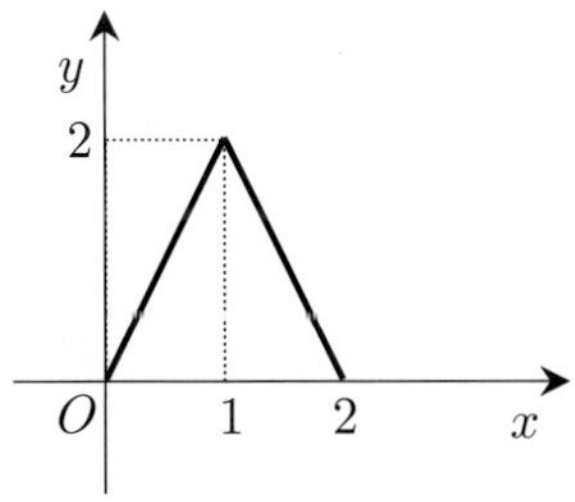

풀이 $f(x)$는 주기가 2인 함수이므로 $f(2025)=f(1)=2$이다. ∎

유제 1.1.10 실수의 전체집합에서 정의된 주기함수 f의 폐구간 $[0,4]$에서의 그래프이다. 함수 f의 주기를 찾고, $f(-25)$의 값을 구하여라.

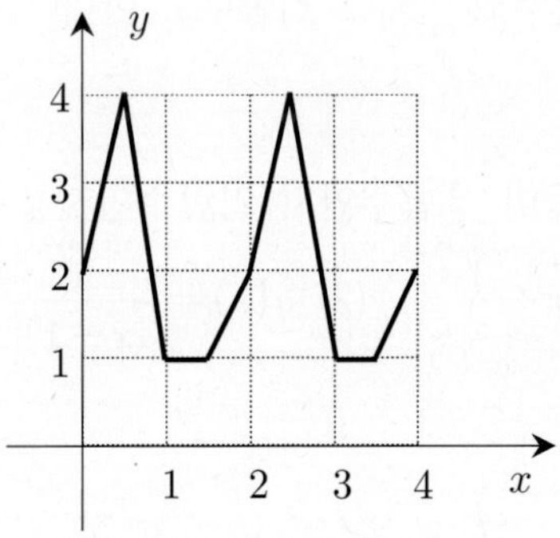

정의 1.1.8 [우함수, 기함수]

함수 f의 정의역의 모든 x에 대하여

(1) $f(-x)=f(x)$일 때, 함수 f를 **우함수(even function)**라 하고,

(2) $f(-x)=-f(x)$일 때, 함수 f를 **기함수(odd function)**라 한다.

정리 1.1.2

우함수 f의 그래프는 y축에 대칭이고, 기함수 f의 그래프는 원점에 대칭이다.

예제 1.1.11 다음 함수들이 우함수인지 기함수인지를 판정하여라.

(1) $f(x)=x^2+1$ (2) $g(x)=\dfrac{1}{x}$ (3) $h(x)=x+1$

*** **풀이** $f(-x)=(-x)^2+1=x^2+1=f(x)$이므로 f는 우함수이다.

$g(-x)=\dfrac{1}{-x}=-\dfrac{1}{x}=-g(x)$이므로 g는 기함수이다.

$h(-x)=-x+1\neq x+1=h(x)$이고 $h(-x)=-x+1\neq -x-1=-h(x)$
이므로 h는 우함수도 아니고 기함수도 아니다. ∎

유제 1.1.11 다음 함수들이 우함수인지 기함수인지를 판정하여라.

(1) $f(x)=x^3-x+\dfrac{1}{x}$ (2) $g(x)=\dfrac{1}{(x-1)^2}$ (3) $h(x)=\sqrt{1+x^2}$

정의 1.1.9 [일대일 함수]

함수 f의 정의역의 모든 x_1, x_2에 대하여, $x_1 \neq x_2$이면 $f(x_1) \neq f(x_2)$을 만족하는 함수 f를 **일대일 함수(one-to-one function)**라 한다. 특히, 일대일 함수 f의 공역과 치역이 일치할 때, f를 **일대일 대응**이라 한다.

예제 1.1.12 다음 중에서 일대일 함수를 찾아라.

(1) $f(x) = x^2 + 1$ (2) $g(x) = \dfrac{1}{x}$ (3) $h(x) = x + 1$

풀이 $-1 \neq 1$이지만 $f(-1) = 2 = f(1)$이므로 f는 일대일 함수가 아니다.

$x_1 \neq x_2$이면 $\dfrac{1}{x_1} \neq \dfrac{1}{x_2}$이므로 $g(x_1) \neq g(x_2)$이다.

따라서 g는 일대일 함수이다.

$x_1 \neq x_2$이면 $x_1 + 1 \neq x_2 + 1$이므로 $h(x_1) \neq h(x_2)$이다.

따라서 h는 일대일 함수이다.

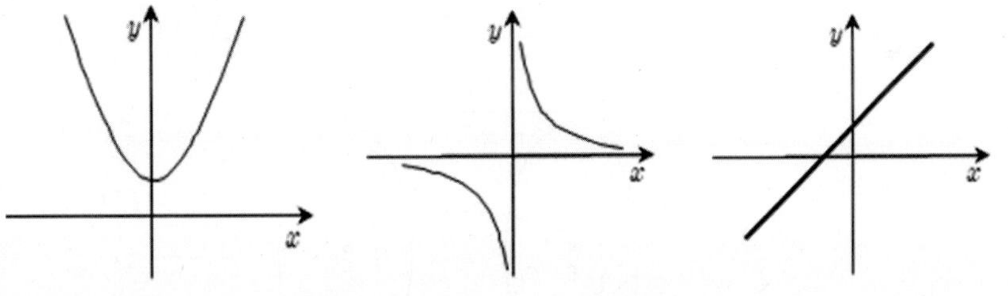

유제 1.1.12 다음 함수들의 공역을 실수 전체의 집합이라 할 때, 일대일 대응을 찾아라.

(1) $f(x) = x^2 + 1$ (2) $g(x) = \dfrac{1}{x}$ (3) $h(x) = x + 1$

주의 : 일대일 함수의 그래프는 x축과 평행한 수평선과 한 번만 만나거나 만나지 않는다. 즉, 수평선과 2번 이상 만나는 그래프를 가지는 함수는 일대일 함수가 아니다.

정리 1.1.3

증가함수와 감소함수는 일대일 함수이다.

정의 1.1.10 [역함수]

정의역 X와 치역 Y를 가지는 일대일 함수 f에 대하여, f의 **역함수(inverse function)** f^{-1}는 정의역 Y와 치역 X를 가지고 다음과 같이 정의되는 함수이다. 임의의 $y \in Y$에 대하여

$$f^{-1}(y) = x \Leftrightarrow f(x) = y$$

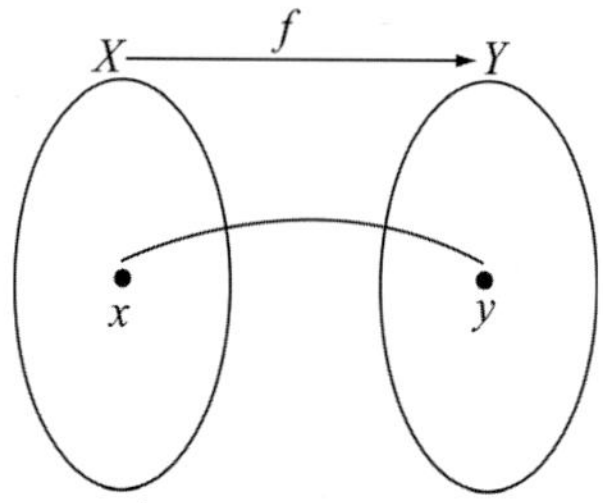

f^{-1}: f의 역함수

주의 : f의 역함수 f^{-1}에 대하여 $f^{-1}(f(x)) = x$이고 $f(f^{-1}(y)) = y$이다. 그리고 함수 f와 g가 서로의 역함수인지는 $g(f(x)) = x$이고 $f(g(x)) = x$임을 보이는 것으로 확인할 수 있다.

예제 1.1.13 $f(x)=2x+1$, $g(x)=\frac{1}{2}(x-1)$는 서로의 역함수임을 보여라.

풀이 $g(f(x))=g(2x+1)=\frac{1}{2}((2x+1)-1)=x$이고

$f(g(x))=f\left(\frac{1}{2}(x-1)\right)=2\left(\frac{1}{2}(x-1)\right)+1=x$이므로 서로의 역함수이다. ∎

유제 1.1.13 함수 $f(x)=\sqrt{x}$와 $g(x)=x^2$는 서로의 역함수인가? 물음에 답하고, 그 이유를 설명하여라.

정리 1.1.4

함수 f의 그래프와 역함수 f^{-1}의 그래프는 직선 $y=x$에 대하여 서로 대칭이다.

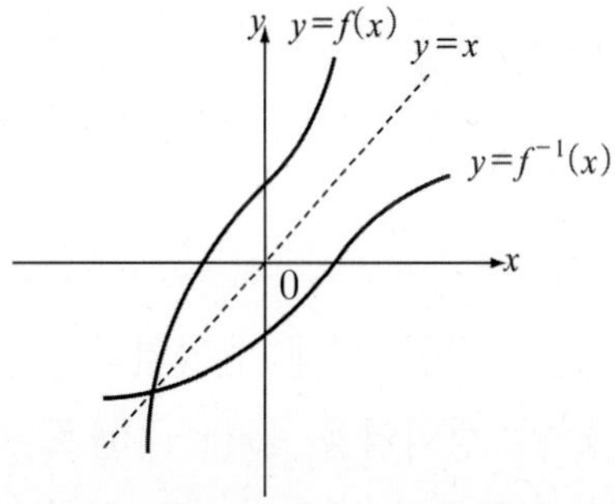

정리 1.1.5

두 일대일 함수 f와 g에 대하여, 다음이 성립한다.

$$(g\circ f)^{-1}=f^{-1}\circ g^{-1}$$

[역함수 구하기]

함수 f의 역함수를 구하는 문제는 다음 단계로 구할 수 있다.

(1) 함수 f가 일대일 함수인지를 판별한다.

(2) $y=f(x)$에서 x와 y를 교환하여 $x=f(y)$을 얻는다.

(3) $x=f(y)$를 y에 대하여 정리하여 $y=f^{-1}(x)$의 형태가 되게 한다.

예제 1.1.14 함수 $f(x)=2x+1$의 역함수를 구하여라.

풀이 먼저 $f(x)=2x+1$는 증가함수이므로 일대일 함수이다. $y=2x+1$에서 x와 y을 교환하면 $x=2y+1$이고 y에 대하여 정리하면 $2y=x-1$이고 $y=\frac{1}{2}(x-1)$이다. 즉 f의 역함수는 $f^{-1}(x)=\frac{1}{2}(x-1)$이다. ∎

유제 1.1.14 다음 함수의 역함수를 구하고, 그래프를 그려라.

(1) $f(x)=-3x-1$ (2) $f(x)=x^2\ (x\geq 0)$

주의: f의 역함수 f^{-1}를 구할 때에 정의역과 치역에 주의해야 한다. 예를 들어 함수 $f(x)=x^2$의 정의역을 $\{x|x\geq 0\}$로 하면 치역이 $\{x|x\geq 0\}$인 일대일 함수이므로 역함수를 가진다. 그 역함수는 $f^{-1}(x)=\sqrt{x}$이고 역함수의 정의역은 $\{x|x\geq 0\}$이다. 한편, 함수 $f(x)=x^2$의 정의역을 $\{x|x\leq 0\}$로 하더라도 치역이 $\{x|x\geq 0\}$인 일대일 함수이고 역시 역함수를 가진다. 하지만 역함수는 $f^{-1}(x)=-\sqrt{x}$이고 역함수의 정의역은 $\{x|x\geq 0\}$이다. 왜냐하면 $y=x^2$에서 x와 y을 교환하면 $x=y^2$이고 $y=\pm\sqrt{x}$이다. f^{-1}의 치역은 f의 정의역인 $\{x|x\leq 0\}$이므로 함숫값은 음이어야 한다. 따라서 $y=-\sqrt{x}$이고 역함수는 $f^{-1}(x)=-\sqrt{x}$이다.

✲ 연습문제 1.1 ✲

01.. 함수 $f(x)=2x+3$의 정의역이 $\{x\,|\,1 \leq x \leq 6\}$일 때, 함수 f의 치역은?

02.. 함수 $f(x)=\sqrt{x-1}+2$의 정의역과 치역은?

03.. 함수 $f(x)=2x+3$의 정의역이 $\{1,2,3,4,5\}$일 때, 함수 f의 그래프는?

04.. 다음 함수에 대하여, $\dfrac{f(x+h)-f(x)}{h}$을 간단히 나타내어라.

(1) $f(x)=2$　　(2) $f(x)=2x+1$

(3) $f(x)=\dfrac{1}{x}$　　(4) $f(x)=\sqrt{x}$

05.. $f(x)=\dfrac{1}{x}$와 $g(x)=x^2-1$에 대하여, 합성함수 $f\circ g$, $g\circ f$와 각각의 정의역을 구하여라.

06.. 다음 함수에서 우함수와 기함수를 찾고, 이유를 설명하여라.

(1) $f(x)=x+|x|$　　(2) $f(x)=x|x|$

(3) $f(x)=x^2|x|$　　(4) $f(x)=\dfrac{x^3}{x^2+1}$

07.. 다음 물음에 답하여라.

(1) $f(x)=|x|$는 우함수임을 설명하여라.

(2) $f(x)=|x|$의 그래프를 그려라.

(3) $f(x)=|x+1|-2$의 그래프는 $f(x)=|x|$의 그래프를 어떻게 이동하면 되는가?

(4) $f(x)=|x+1|-2$의 그래프를 그려라.

08.. 함수 $f(x)=\dfrac{2x-1}{x+1}$의 역함수를 구하여라.

09.. $x \leq 1$일 때, 함수 $f(x)=(x-1)^2$의 역함수를 구하여라.

10.. 함수 $f(x)=\begin{cases} x^2+1, & x \geq 0 \\ -x+1, & x<0 \end{cases}$는 일대일 함수이다. $f^{-1}(5)+f^{-1}(a)=0$을 만족하는 상수 a의 값을 구하여라.

1.2 유리함수와 무리함수

이 절에서는 먼저 유리함수의 정의와 간단한 유리함수의 그래프의 개형을 그리기 위하여 간단히 얻을 수 있는 정보, 즉 절편, 대칭축, 꼭짓점, 점근선 등을 구하고 이를 토대로 그래프의 개형을 그리고 유리방정식과 유리부등식의 해를 구하는 방법을 소개한다. 다음으로 무리함수의 정의와 간단한 무리함수의 개형을 그리고 무리방정식과 무리부등식의 해를 구하는 방법도 소개한다.

정의 1.2.1 [다항함수]

n은 음이 아닌 정수이고 $a_0, a_1, a_2, \cdots, a_n$은 실수일 때, 다음과 같은 형태의 함수를 **다항함수**(polynomial)라고 한다.

$$f(x) = a_n x^n + a_{n-1} x^{n-1} + \cdots + a_1 x + a_0$$

여기서 $a_0, a_1, a_2, \cdots, a_n$은 함수 f의 **계수(coefficient)**라고 하고, $a_n \neq 0$일 때, n을 f의 **차수(degree)**라고 하고 f를 n**차 (다항)함수**라고 한다.

주의: a, b, c는 상수이고 $a \neq 0$일 때,

$f(x) = ax + b$는 **일차함수(linear function)**이고 $f(x) = ax^2 + bx + c$는 **이차함수**이다. 일차함수와 이차함수는 몇 가지 정보만으로 그래프의 개형을 파악할 수 있다.

일차함수의 그래프

a, b는 상수이고 $a \neq 0$인 일차함수 $f(x) = ax + b$의 그래프는

(1) 함수 f의 그래프는 기울기가 a이고 x절편은 $-\dfrac{b}{a}$, y절편 b인 직선

(2) $a > 0$이면 함수 f는 증가함수이고, $a < 0$이면 감소함수

(3) 일차함수 $f(x) = ax + b$의 그래프의 개형은 다음과 같다.

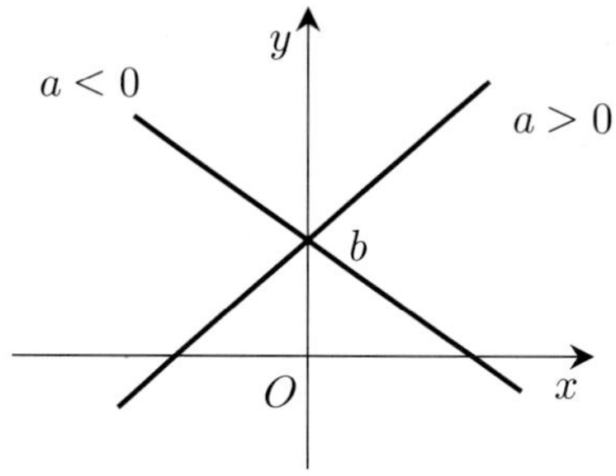

예제 1.2.1 일차함수 $f(x) = 2x - 3$의 그래프의 기울기와 x절편, y절편을 구하고, 정의역이 $\{x | 1 \leq x \leq 5\}$일 때, $f(x) = 2x - 3$의 최솟값과 최댓값을 구하여라.

풀이 $y = 2x - 3$의 그래프의 기울기는 2이고 x절편, y절편은 각각 $\dfrac{3}{2}$, -3이다.

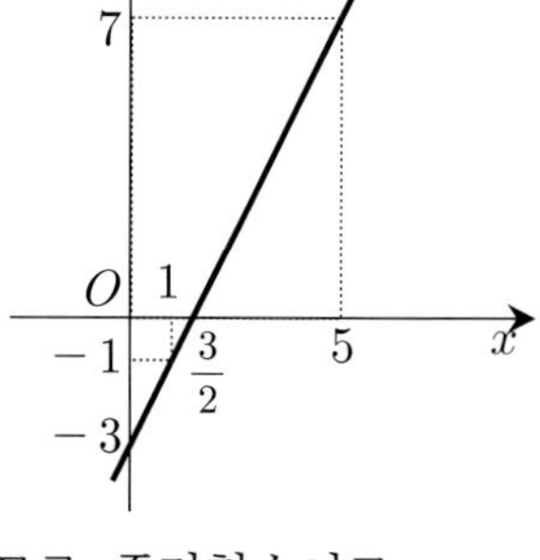

f는 기울기가 양이므로 증가함수이고 $x = 1$일 때, $f(x)$는 최솟값 -1을 가지고, $x = 5$일 때, $f(x)$는 최댓값 7을 가진다. ∎

유제 1.2.1 일차함수 $f(x)=1-\frac{1}{2}x$의 그래프의 기울기와 x절편, y절편을 구하고, 정의역이 $\{x \mid -3 \leq x \leq 2\}$일 때, 함수 f의 최솟값과 최댓값을 구하여라.

주의 : 일차함수의 그래프는 평면 위의 직선이고 평면 위의 직선은 일차함수의 그래프로 나타난다. 또한 좌표평면 상의 두 점을 지나는 직선은 하나뿐이다.

주의 : 일차함수는 $f(x)=ax+b$로 표현하지만 $y=ax+b$로 나타내기도 한다. 일차함수의 그래프는 직선을 나타내므로 방정식 $y=ax+b$을 **직선의 방정식**이라고 부르기도 한다.

정리 1.2.1 [여러 가지 직선의 방정식]

(1) 점 $A(x_1, y_1)$를 지나고 기울기가 a인 직선의 방정식 :

$$y-y_1=a(x-x_1)$$

(2) $x_1 \neq x_2$인 두 점 $A(x_1, y_1)$과 $B(x_2, y_2)$를 지나는 직선의 방정식 :

$$y-y_1=\frac{y_2-y_1}{x_2-x_1}(x-x_1)$$

(3) x절편은 a이고 y절편이 b인 직선의 방정식 :

$$\frac{x}{a}+\frac{y}{b}=1$$

예제 1.2.2 다음 물음에 답하여라.

(1) 기울기가 2이고 $(2, 3)$을 지나는 직선의 방정식을 구하여라.

(2) 두 점 $(1, 5)$과 $(3, 1)$을 지나는 직선의 방정식을 구하여라.

(3) x절편은 3이고 y절편 7인 직선의 방정식을 구하여라.

∗∗∗ **풀이** (1) 직선의 방정식은 $y-3=2(x-2)$이다. 즉, $y=2x-1$이다.

(2) 직선의 방정식은 $y-5=\frac{1-5}{3-1}(x-1)$ 이다. 즉, $y=-2x+7$이다.

(3) 직선의 방정식은 $\frac{x}{3}+\frac{y}{7}=1$이다. 즉, $y=-\frac{7}{3}x+7$ ∎

유제 1.2.2 다음 물음에 답하여라.

(1) 기울기가 3이고 $(1,-2)$을 지나는 직선의 방정식을 구하여라.

(2) 두 점 $(-2,2)$과 $(3,2)$을 지나는 직선의 방정식을 구하여라.

(3) x절편은 1이고 y절편 -1인 직선의 방정식을 구하여라.

이차함수 $f(x)=ax^2$ $(a\neq 0)$의 그래프

• 함수 $f(x)=ax^2$에 대하여

(1) $f(x)=ax^2$는 우함수이고 $a>0$이면 최솟값이 0, $a<0$이면 최댓값이 0

(2) $f(x)=ax^2$의 그래프는 y축을 대칭축으로 가지고 꼭짓점이 원점인 포물선

(3) $f(x)=ax^2$의 그래프의 개형은 다음과 같다.

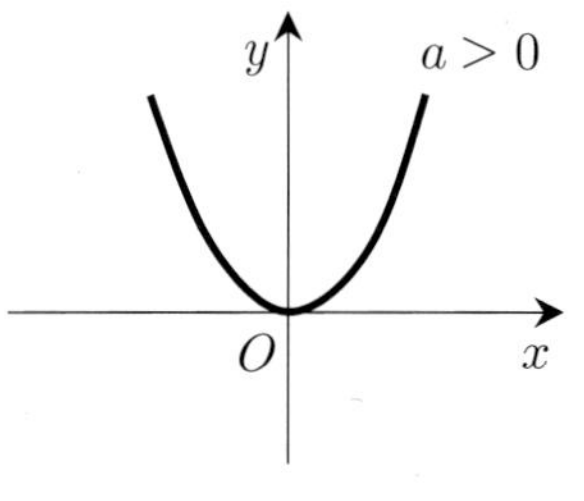

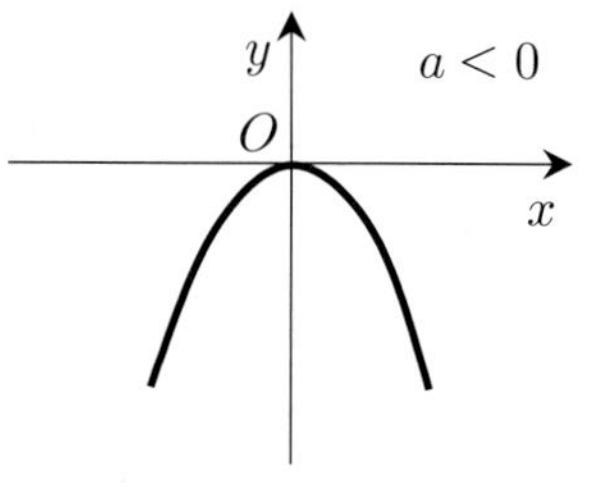

이차함수 $f(x)= ax^2 + bx + c$ $(a \neq 0)$의 그래프

• 함수 $f(x)= ax^2 + bx + c$에 대하여

(1) $f(x)= ax^2 + bx + c = a\left(x + \frac{b}{2a}\right)^2 - \frac{b^2 - 4ac}{4a}$

(2) $f(x)= ax^2 + bx + c$의 그래프는 $f(x)= ax^2$의 그래프를 x축 방향으로 $-\frac{b}{2a}$만큼, y축 방향으로 $-\frac{b^2 - 4ac}{4a}$ 만큼 평행이동한 그래프

(3) $f(x)= ax^2 + bx + c$의 그래프는 직선 $x = -\frac{b}{2a}$을 대칭축으로 가지고 꼭짓점이 $\left(-\frac{b}{2a}, -\frac{b^2 - 4ac}{4a}\right)$ 인 포물선

예제 1.2.3 이차함수 $f(x)= x^2 - 3x + 2$의 그래프의 x절편, y절편, 대칭축과 꼭짓점을 구하고 그 그래프를 그려라.

풀이 $f(0) = 2$이고 $x^2 - 3x + 2 = (x-1)(x-2) = 0$의 근은 $x = 1, 2$이므로 x절편은 1, 2, y절편은 2이다. 또한 $f(x)= x^2 - 3x + 2 = \left(x - \frac{3}{2}\right)^2 - \frac{1}{4}$이므로 대칭축은 $x = \frac{3}{2}$이고 꼭짓점은 $\left(\frac{3}{2}, -\frac{1}{4}\right)$이고 그래프는 다음과 같다.

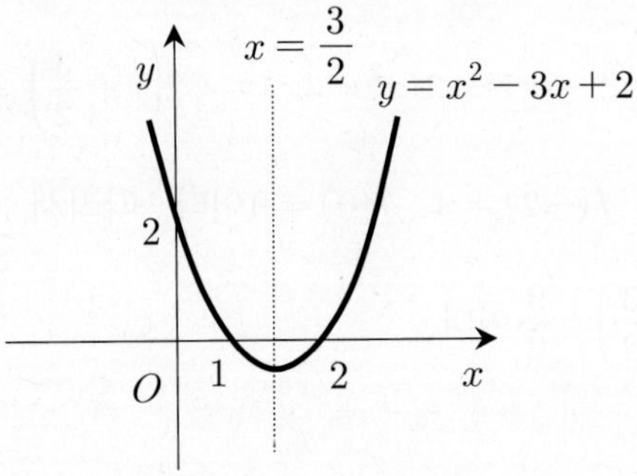

■

유제 1.2.3 이차함수 $f(x)=4x-x^2$의 그래프의 x절편, y절편, 대칭축과 꼭짓점을 구하고 그 그래프를 그려라.

정리 1.2.2

폐구간 $[a,b]$에서 이차함수 $f(x)=ax^2+bx+c$는 최솟값과 최댓값을 가진다.

이차함수 $f(x)=ax^2+bx+c$ $(a\neq 0)$의 최댓값과 최솟값 구하기

폐구간 $[a,b]$에서 $f(x)=ax^2+bx+c$의 최솟값과 최댓값은

(1) $-\dfrac{b}{2a}\in[a,b]$인 경우, $f(a)$, $f(b)$, $-\dfrac{b^2-4ac}{4a}$ 중에서 가장 작은 값이 최솟값, 가장 큰 값이 최댓값,

(2) $-\dfrac{b}{2a}\notin[a,b]$인 경우, $f(a)$, $f(b)$ 중에서 작은 값이 최솟값, 큰 값이 최댓값.

예제 1.2.4 정의역이 $\{x\mid -2\leq x\leq 0\}$일 때, 이차함수 $f(x)=-2x^2-6x$의 최솟값과 최댓값을 구하여라.

*** **풀이** $f(x)=-2x^2-6x=-2(x^2+3x)=-2\left(x+\dfrac{3}{2}\right)^2+\dfrac{9}{2}$이므로 꼭짓점의 y좌표는 $\dfrac{9}{2}$이고 $f(-2)=4$, $f(0)=0$이다. 따라서 최솟값은 $f(0)=0$이고 최댓값은 $f\left(-\dfrac{3}{2}\right)=\dfrac{9}{2}$이다. ∎

유제 1.2.4 $[0, 5]$에서 이차함수 $f(x) = -2x^2 - 6x$의 최솟값과 최댓값을 구하여라.

주의: $a \neq 0$인 이차함수 $f(x) = ax^2 + bx + c$의 그래프의 x절편을 구하기 위해서는 이차방정식 $ax^2 + bx + c = 0$의 해는 인수분해를 이용하거나 완전제곱식을 사용하여 구할 수 있지만 일반적으로 다음의 근의 공식을 이용해서 얻을 수 있다.

(1) $ax^2 + bx + c = 0$의 해는 $x = \dfrac{-b \pm \sqrt{b^2 - 4ac}}{2a}$이다.

(2) $ax^2 + 2b'x + c = 0$의 해는 $x = \dfrac{-b' \pm \sqrt{(b')^2 - ac}}{a}$이다.

주의: $a \neq 0$이고 $n \geq 3$인 n차 다항함수 $f(x)$의 그래프를 그리거나 주어진 구간에서의 최솟값과 최댓값을 구하는 것은 일차함수와 이차함수와 같이 간단하지가 않다. 일반적인 차수가 3 이상인 다항함수의 그래프를 그리고 주어진 구간에서 최솟값과 최댓값을 구하는 문제는 미분의 응용에서 다루게 된다.

정의 1.2.2 [유리함수]

다음과 같이 공통인수를 가지지 않는 다항함수 $p(x)$와 $q(x)$의 분수 꼴의 형태로 나타나는 함수를 **유리함수(rational function)**이라고 한다.

$$f(x) = \frac{p(x)}{q(x)}$$

여기에서 함수 f의 정의역은 $\{x \mid q(x) \neq 0\}$이다.

유리함수의 절편

유리함수 $f(x)=\dfrac{p(x)}{q(x)}$에 대하여

(1) x절편은 유리방정식 $\dfrac{p(x)}{q(x)}=0$의 해이고,

(2) y절편은 $q(0)\neq 0$일 때 $f(0)$이다.

주의: 일반적으로 유리함수의 그래프를 그리는 것과 주어진 구간에서 최솟값과 최댓값을 구하는 문제는 간단하지 않고 이 문제 또한 미분의 응용에서 다루게 된다. 한편 $q(x)$가 일차함수이고 $p(x)$가 상수함수이거나 일차함수인 유리함수 $f(x)=\dfrac{p(x)}{q(x)}$를 다음과 같이 나타낼 수 있다.

$$f(x)=\frac{p(x)}{q(x)}=\frac{a}{x-b}+c$$

정의 1.2.3 [점근선]

x가 한없이 커지거나 작아질 때 혹은 특정한 값에 가까워질 때, 함수 $y=f(x)$의 그래프가 직선 $y=ax+b$에 가까워진다면 이 직선 $y=ax+b$를 함수 $y=f(x)$의 그래프의 **점근선(asymptote)**이라 한다. 점근선 중에서

(1) x축과 평행인 점근선 $y=b$를 **수평점근선(horizontal asymptote)**,

(2) x축과 수직인 점근선 $x=c$를 **수직점근선(vertical asymptote)**라고 한다.

유리함수 $f(x) = \dfrac{a}{x}$의 그래프

$a \neq 0$인 유리함수 $f(x) = \dfrac{a}{x}$는 기함수이므로 원점에 대칭이고 x축($y=0$)이 수평점근선, y축($x=0$)이 수직점근선인 그래프를 가진다. 그래프의 개형을 그리면 다음과 같다.

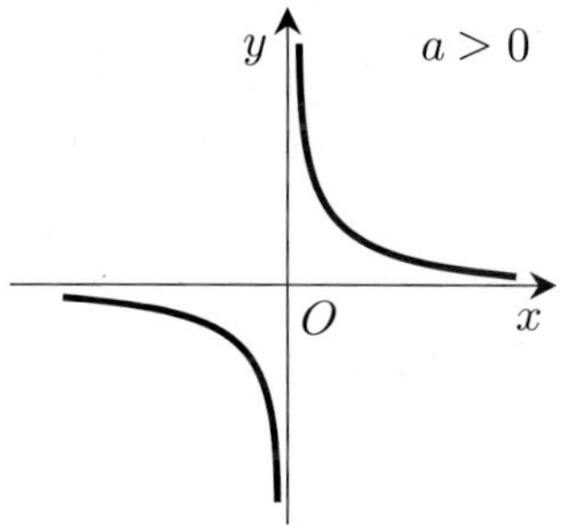

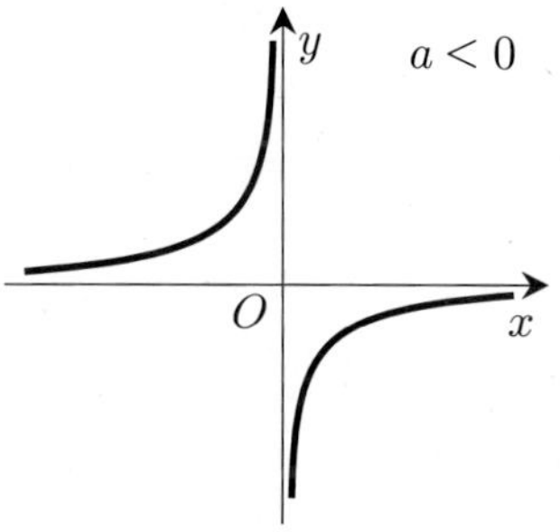

유리함수 $f(x) = \dfrac{a}{x-b} + c$의 그래프

유리함수 $f(x) = \dfrac{a}{x-b} + c$의 그래프는 $f(x) = \dfrac{a}{x}$의 그래프를 x축 방향으로 b만큼, y축 방향으로 c만큼 평행이동한 그래프이다. 그래프의 개형을 그리면 다음과 같다.

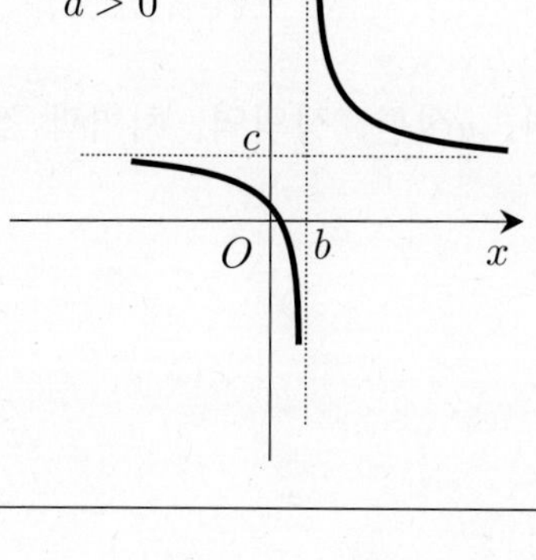

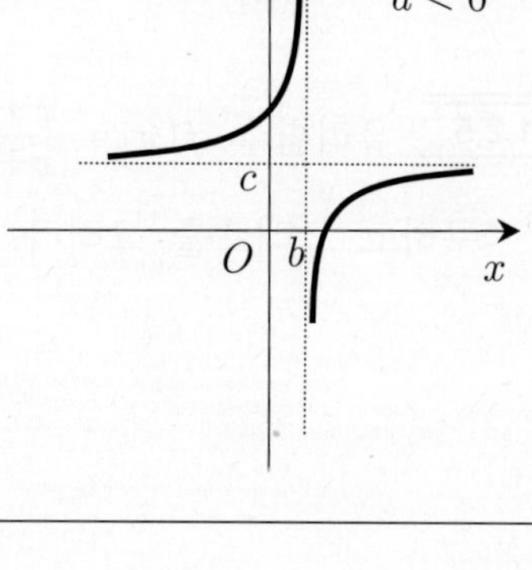

주의 : 유리함수 $f(x)=\dfrac{a}{x-b}+c$ 의 정의역은 $\{x|x\neq b\}$이고 치역은 $\{y|y\neq c\}$ 이다.

예제 1.2.5 유리함수 $f(x)=\dfrac{2x-1}{x-1}$의 x절편, y절편, 정의역, 치역과 점근선을 구하고 그래프를 그려라.

풀이 $\dfrac{2x-1}{x-1}=0$의 해는 $x=\dfrac{1}{2}$이고 $f(0)=1$이므로 x절편은 $\dfrac{1}{2}$, y절편은 1이다. 또한 $f(x)=\dfrac{2x-1}{x-1}=\dfrac{1}{x-1}+2$이므로 정의역은 $\{x|x\neq 1\}$, 치역은 $\{y|y\neq 2\}$이고 수직점근선은 직선 $x=1$, 수평점근선은 직선 $y=2$이다. $f(x)=\dfrac{2x-1}{x-1}$의 그래프는 $f(x)=\dfrac{1}{x}$의 그래프를 x축 방향으로 1만큼, y축 방향으로 2만큼 평행이동한 것이다. 그래프는 다음과 같다.

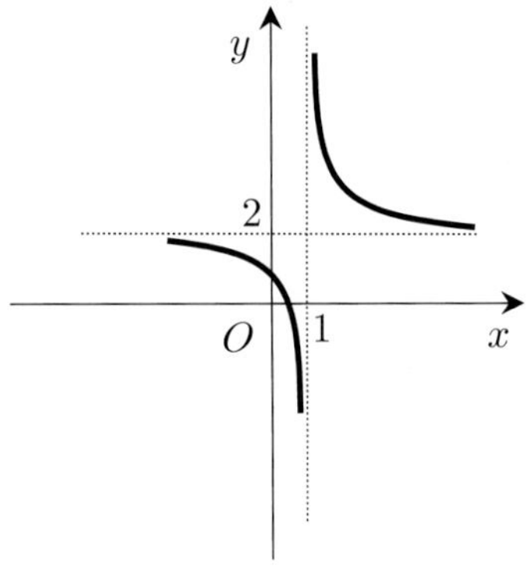

■

유제 1.2.5 유리함수 $f(x)=\dfrac{x+1}{x+2}$의 x절편, y절편, 정의역, 치역과 점근선을 구하고 그래프를 그려라.

정의 1.2.4 [유리방정식]

미지수 x에 대한 유리식을 포함하는 방정식을 **유리방정식**(또는 **분수방정식**)이라고 한다. 유리방정식이 참이 되게 하는 미지수 x의 값을 유리방정식의 **해**라고 한다.

유리방정식의 해

유리방정식의 해 구하기

(1) 유리방정식을 구성하는 유리식의 분모들의 최소공배수를 구한다.

(2) 구한 최소공배수를 방정식의 양변에 곱하여 다항방정식을 얻는다.

(3) 얻은 다항방정식의 해를 구한다.

(4) 다항방정식의 해 중에서 유리식의 분모를 0으로 만드는 해가 있다면 해에서 제외하고 유리방정식의 해를 얻는다.

예제 1.2.6 유리방정식 $\frac{2}{x+3} = \frac{1}{x-2}$의 해를 구하여라.

*** **풀이** 식의 양변에 분모의 최소공배수 $(x+3)(x-2)$를 곱하면

$$2(x-2) = x+3$$

$$2x-4 = x+3$$

$$x = 7$$

7은 분모들을 0으로 만들지 않으므로 $x=7$이 해가 된다. ∎

유제 1.2.6 $-1 < x < 0$인 실수 x가 $x^2+4x+1=0$을 만족할 때, $x - \frac{1}{x}$의 값을 구하여라.

정의 1.2.5 [유리부등식]

미지수 x에 대한 유리식을 포함하는 부등식을 **유리부등식**이라고 한다. 유리부등식이 참이 되게 하는 미지수 x의 값을 유리부등식의 **해**라고 한다.

유리부등식의 해

유리부등식의 해 구하기

(1) 유리부등식을 구성하는 유리식의 분모들의 최소공배수를 구한다.

(2) 구한 최소공배수의 제곱을 부등식의 양변에 곱하여 다항부등식을 얻는다.

(3) 얻은 다항부등식의 해를 구한다.

(4) 다항부등식의 해 중에서 유리식의 분모를 0으로 만드는 해가 있다면 해에서 제외하고 유리부등식의 해를 얻는다.

예제 1.2.7 유리부등식 $\frac{2}{x+3} \leq \frac{1}{x-2}$의 해를 구하여라.

풀이 식의 양변에 분모의 최소공배수 $(x+3)(x-2)$의 제곱을 곱하면

$$2(x-2)^2(x+3) \leq (x-2)(x+3)^2$$

$$(x+3)(x-2)(2x-4-x-3) \leq 0$$

$$(x+3)(x-2)(x-7) \leq 0$$

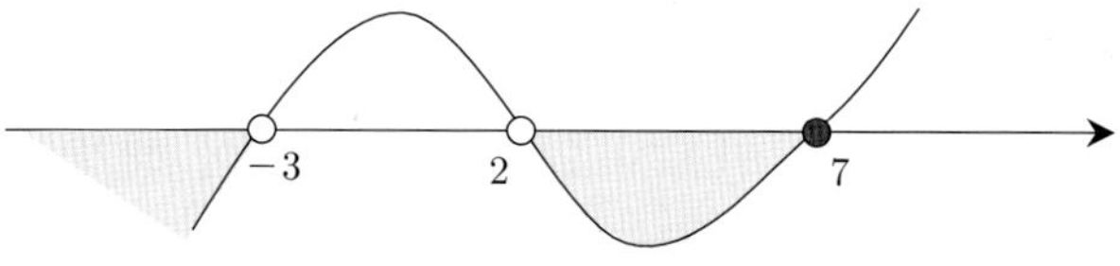

$x \neq -3, x \neq 2$이므로 유리방정식의 해는

$$x < -3 \text{ 또는 } 2 < x \leq 7$$

■

유제 1.2.7 유리부등식 $\dfrac{2}{x+1}+2 \leq \dfrac{3}{x}$의 해를 구하여라.

정의 1.2.6

자연수 n과 함수 $f(x)$에 대하여, $f^n(x)$를 다음과 같이 정의한다.

$$f^1(x)=f(x), f^2(x)=f(f(x)), \cdots, f^n(x)=f(f^{n-1}(x))$$

예제 1.2.8 유리함수 $f(x)=1-\dfrac{1}{x}$에 대하여, $f^{2025}(2025)$의 값을 구하여라.

풀이 $f(x)-1-\dfrac{1}{x}=\dfrac{x-1}{x}$

$$f^2(x)=f(f(x))=\frac{\frac{x-1}{x}-1}{\frac{x-1}{x}}=\frac{\frac{x-1-x}{x}}{\frac{x-1}{x}}=\frac{-1}{x-1}$$

$$f^3(x)=f\left(f^2(x)\right)=\frac{\frac{-1}{x-1}-1}{\frac{-1}{x-1}}=\frac{\frac{-1-x+1}{x-1}}{\frac{-1}{x-1}}=\frac{-x}{-1}=x$$

$$f^4(x)=f\left(f^3(x)\right)=\frac{x-1}{x}=f(x)$$

$$\vdots$$

$$f^{2025}(x)=f^{3\times 675}(x)=f^3(x)=x$$

$$\therefore\ f^{2025}(2025)=2025$$

유제 1.2.8 유리함수 $f(x)=\dfrac{x}{x+1}$에 대하여, $f^{2025}(1)$의 값을 구하여라.

예제 1.2.9 유리함수 $y=\dfrac{x-2}{2x+1}$의 역함수를 구하여라.

*** **풀이** $y=\dfrac{x-2}{2x+1}$에서 x와 y를 서로 바꾸면 $x=\dfrac{y-2}{2y+1}$가 되고

$x=\dfrac{y-2}{2y+1}$를 y에 대하여 정리하면

$$x(2y+1)=y-2$$

$$2xy+x=y-2$$

$$(2x-1)y=-(x+2)$$

$$y=-\frac{x+2}{2x-1}$$

따라서 $y=\dfrac{x-2}{2x+1}$의 역함수는 $y=-\dfrac{x+2}{2x-1}$이다. ∎

유제 1.2.9 유리함수 $y=1-\dfrac{1}{x}$의 역함수를 구하여라.

정의 1.2.7 [무리함수]

$n \geq 2$인 자연수일 때, 유리함수가 아니면서 다음 형태의 함수를 **무리함수** (irrational function)라고 한다.

$$f(x) = \sqrt[n]{g(x)}$$

여기에서 $g(x)$가 다항함수, 유리함수일 때를 주로 다룬다.

주의 : $n > 2$인 무리함수 $f(x) = \sqrt[n]{g(x)}$는 그 형태를 변형하면 $(f(x))^n = g(x)$의 형태가 되는데 이러한 형태의 함수를 음함수라고 한다. n이 짝수이면 $f(x) = \sqrt[n]{g(x)}$의 그래프는 $(f(x))^n = g(x)$의 그래프의 일부분이고 n이 홀수이면 같다. 음함수는 추후에 다루겠다. 무리함수 $f(x) = \sqrt[n]{g(x)}$ 중에서 $n = 2$이고 $g(x)$가 일차함수 또는 이차함수일 때를 주로 많이 사용한다.

무리함수 $f(x) = \sqrt{x}$의 그래프

무리함수 $f(x) = \sqrt{x}$는 정의역이 $\{x | x \geq 0\}$인 유리함수 $g(x) = x^2$의 역함수이며 그래프는 다음과 같다.

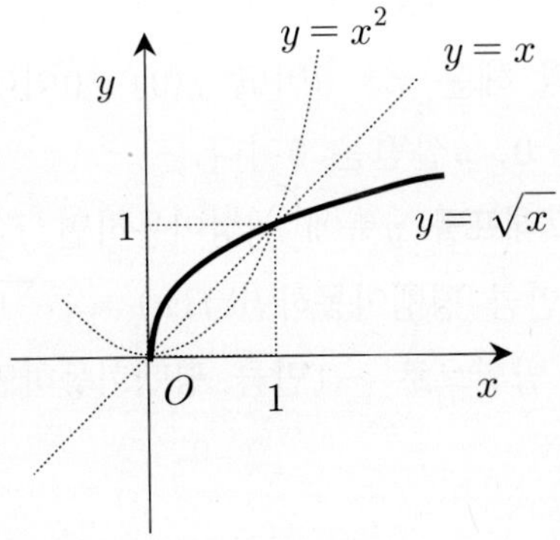

예제 1.2.10 다음 무리함수의 정의역, 치역, x절편, y절편을 구하고 그래프의 개형을 그려라.

(1) $f(x)=\sqrt{x+1}$ (2) $f(x)=\sqrt{1-x}-1$

풀이 (1) $f(x)=\sqrt{x+1}$가 정의되기 위해서는 $x+1\geq 0$이므로 정의역은 $\{x|x\geq -1\}$이고 $\sqrt{x+1}\geq 0$이므로 치역은 $\{y|y\geq 0\}$이다. 무리방정식 $\sqrt{x+1}=0$의 해는 $x=-1$이고 $f(0)=1$이다.

따라서 x절편은 -1, y절편은 1이다.

$f(x)=\sqrt{x+1}$의 그래프는 $f(x)=\sqrt{x}$의 그래프를 x축 방향으로 -1만큼 평행이동한 그래프이다

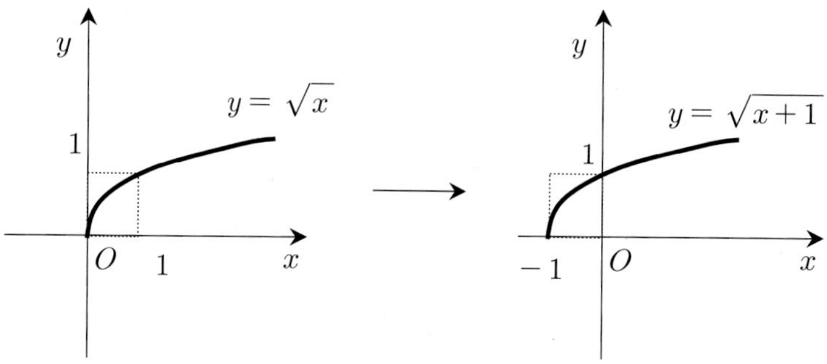

(2) $f(x)=\sqrt{1-x}-1$가 정의되기 위해서는 $1-x\geq 0$이므로 정의역은 $\{x|x\leq 1\}$이고 $\sqrt{1-x}\geq 0$이므로 치역은 $\{y|y\geq -1\}$이다. 무리방정식 $\sqrt{1-x}-1=0$의 해는 $x=0$이고 $f(0)=0$이다.

따라서 x절편은 0, y절편은 0이다.

$f(x)=\sqrt{x}$의 그래프를 y축에 대칭이동하면 $f(x)=\sqrt{-x}$의 그래프이고, x축 방향으로 1만큼 평행이동하면 $f(x)=\sqrt{-(x-1)}=\sqrt{1-x}$의 그래프이고, 다시 y축 방향으로 -1만큼 평행이동하면 $f(x)=\sqrt{1-x}-1$의 그래프이다.

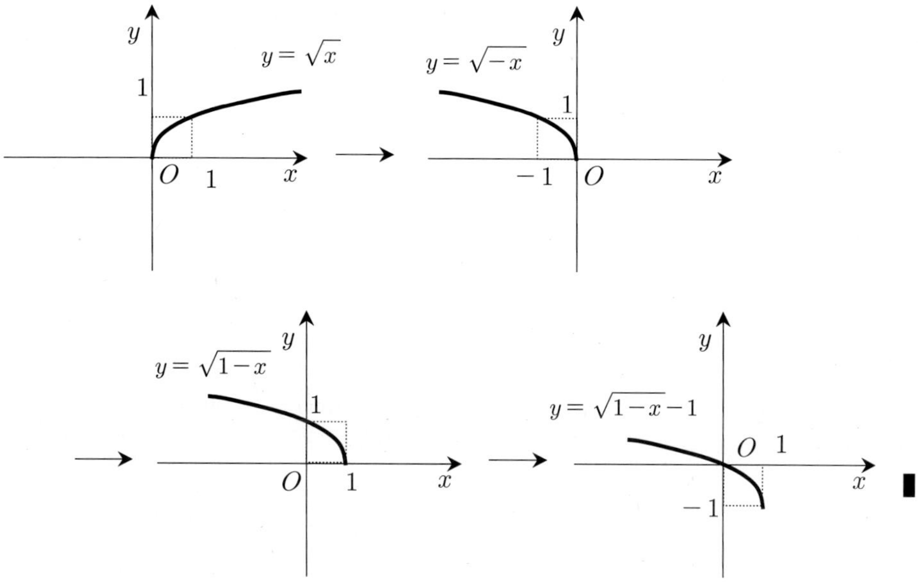

유제 1.2.10 다음 무리함수의 정의역, 치역, x절편, y절편을 구하고 그래프의 개형을 그려라.

(1) $f(x) = -\sqrt{x+2} - 3$ (2) $f(x) = -\sqrt{1-x} + 2$

예제 1.2.11 다음 물음에 답하여라.

(1) $f(x) = \sqrt{4-x^2}$의 그래프를 그려라.

(2) $0 \le x \le 2$에서 $f(x) = \sqrt{4-x^2}$의 역함수를 구하여라.

*** **풀이** (1) $f(x) = \sqrt{4-x^2}$의 정의역은 $\{x \mid -2 \le x \le 2\}$이고

치역은 $\{y \mid 0 \le y \le 2\}$이다.

$y = \sqrt{4-x^2}$의 양변을 제곱하여 정리하면 $x^2 + y^2 = 4$이므로

$y = \sqrt{4-x^2}$의 그래프는 반지름이 2인 원의 일부임을 알 수 있다.

$y = \sqrt{4-x^2}$의 그래프를 정의역과 치역에 맞추어 그리면 다음과 같다.

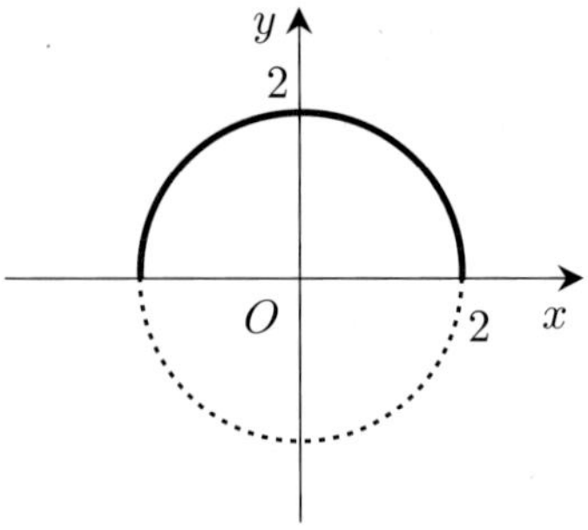

(2) $f(x)=\sqrt{4-x^2}$의 정의역이 $\{x|0\le x\le 2\}$이면
치역이 $\{y|0\le y\le 2\}$인 일대일 함수이므로 역함수를 가진다.
$y=\sqrt{4-x^2}$에서 x와 y을 교환하면 $x=\sqrt{4-y^2}$이고 양변을 제곱하여 정리하면 $y^2=4-x^2$이고 $y=\pm\sqrt{4-x^2}$이다.
f^{-1}의 치역은 f의 정의역이므로 함숫값은 양이어야 한다.
따라서 $y=\sqrt{4-x^2}$이고 역함수는 $f^{-1}(x)=\sqrt{4-x^2}\ \ (0\le x\le 2)$이다.∎

유제 1.2.11 $0\le x\le 2$에서 $f(x)=-\sqrt{4-x^2}$의 역함수를 구하여라.

정의 1.2.8 [무리방정식]

미지수 x에 대한 무리식을 포함하는 방정식을 **무리방정식**이라고 한다. 무리방정식이 참이 되게 하는 미지수 x의 값을 무리방정식의 **해**라고 한다.

예를 들면, $\sqrt{x+3}-1=x$, $\sqrt{2x-1}+\sqrt{x+1}=\sqrt{5x+2}$은 무리방정식이다.

무리방정식의 해

무리방정식의 해 구하기

(1) 적절히 이항하고 양변을 제곱 또는 n제곱을 하여 다항방정식을 만든다.

(2) 식에 따라 치환 등 여러 변형방법을 사용한 후 (1)을 적용한다.

(3) 얻은 다항방정식의 해를 구한다.

(4) 다항방정식의 해 중에서 무리방정식을 만족시키는 것만 고르면 무리방정식의 해를 얻는다.

주의 : 무리방정식의 해는 실수에 한하고 방정식 중 무리식을 만족하는 실수로만 한정한다.

예제 1.2.12 다음 무리방정식을 풀어라.

(1) $\sqrt{x+3}=x+1$ (2) $\sqrt{2x-1}+\sqrt{x+1}=\sqrt{5x+2}$

풀이 (1) $\sqrt{x+3}=x+1$의 양변을 제곱하여 정리하면

$$x+3=(x+1)^2$$

$$x+3=x^2+2x+1$$

$$x^2+x+2=0$$

$$(x+2)(x-1)=0$$

$$\therefore\ x=-2,1$$

$x=-2$일 때, 등식이 성립하지 않는다. (좌변 $=1$, 우변 $=-1$)

$x=1$일 때, 등식이 성립한다. (좌변 $=2$, 우변 $=2$)

따라서, 무리방정식의 해는 $x=1$이다.

(2) $\sqrt{2x-1}+\sqrt{x+1}=\sqrt{5x+2}$의 양변을 제곱하여 정리하면

$$2x-1+2\sqrt{(2x-1)(x+1)}+x+1=5x+2$$

$$\sqrt{(2x-1)(x+1)}=x+1$$

$$2x^2 + x - 1 = x^2 + 2x + 1$$
$$x^2 - x - 2 = 0$$
$$(x+1)(x-2) = 0$$
$$\therefore \ x = -1, 2$$

$x = -1$일 때, 무리식의 근호 안을 음으로 만들므로 해가 아니다.
$x = 2$일 때, 등식이 성립한다. (좌변 $= 2\sqrt{3}$, 우변 $= 2\sqrt{3}$)
따라서, 무리방정식의 해는 $x = 2$이다. ∎

유제 1.2.12 다음 무리방정식을 풀어라.

(1) $\sqrt[3]{2x^2 - 1} = x$ (2) $x^2 - x = 4 + \sqrt{x^2 - x - 2}$

정의 1.2.9 [무리부등식]

미지수 x에 대한 무리식을 포함하는 부등식을 **무리부등식**이라고 한다. 무리부등식이 참이 되게 하는 미지수 x의 값을 무리부등식의 **해**라고 한다.

무리부등식의 해

무리부등식의 해 구하기

(1) 무리부등식을 구성하는 무리식으로부터 기본적인 x의 범위를 구한다.
(2) 양인 경우와 음인 경우를 고려하고 부등식의 양변을 제곱하여 다항부등식을 얻는다.
(3) 얻은 다항부등식의 해를 구한다.
(4) 얻은 다항부등식의 해와 (1)의 x의 범위의 공통 범위를 구하여 무리부등식의 해를 결정한다.

예제 1.2.13 부등식 $\sqrt{x+3} < x+1$을 풀어라.

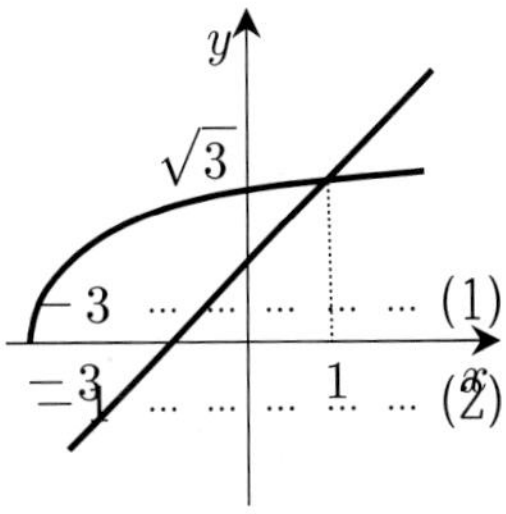

풀이 $\sqrt{x+3}$은 실수이어야 하므로 $x+3 \geq 0$. $\therefore\ x \geq -3$ …… (1)

$\sqrt{x+3} \geq 0$이므로 $x+1 > 0$. $\therefore\ x \geq -1$ …… (2)

$0 \leq \sqrt{x+3} < x+1$이므로

부등식의 양변을 제곱하여도 부등식은 변하지 않는다.

$$x+3 < (x+1)^2$$

$$x+3 < x^2+2x+1$$

$$x^2+x-2 > 0$$

$$(x+2)(x-1) > 0$$

$$\therefore\ x < -2,\ x > 1 \quad \cdots\cdots\cdots\cdots\cdots\cdots\cdots\cdots\cdots\cdots \ (3)$$

(1), (2), (3)의 공통 범위를 구하면 $x > 1$이다.

(별해)

그래프를 이용해서 풀어보면

곡선 $y = \sqrt{x+3}$과 직선 $y = x+1$의 교점의

x좌표는 $\sqrt{x+3} = x+1$에서 $x = 1$이다.

따라서 그림에서 $\sqrt{x+3} < x+1$가 되는

x의 범위는 $x > 1$이다. ∎

유제 1.2.13 부등식 $\sqrt{4-x} \geq x-2$을 풀어라.

✻ 연습문제 1.2 ✻

01.. 그래프의 x절편이 3이고 y절편이 -2인 일차함수를 구하여라.

02.. 두 점 $(2,1)$과 $(-2,3)$을 지나는 직선의 방정식을 구하여라.

03.. 이차함수 $f(x)=4-3x-x^2$의 그래프의 x절편, y절편, 꼭짓점, 대칭축을 구하고 그래프를 그려라.

04.. 유리함수 $f(x)=\dfrac{bx+1}{x-a}$는 점근선을 $x=1$, $y=2$를 가진다고 한다. 이때 상수 a, b를 구하여라.

05.. 유리함수 $g(x)=\dfrac{ax+b}{x+c}$가 $f(x)=\dfrac{x+1}{x+2}$의 역함수일 때, 상수 a, b, c를 구하여라.

06.. 유리함수 $f(x)=\dfrac{x+1}{2x-3}$일 때, 유리함수 $(f\circ f)(x)$의 점근선을 구하여라.

07.. 무리함수 $f(x)=\sqrt{1-2x}+3$의 그래프는 무리함수 $f(x)=\sqrt{2x}$의 그래프를 y축에 대칭이동한 후, x축 방향으로 m만큼, y축 방향으로 n만큼 평행이동한 그래프이다. 이때 상수 m, n을 구하여라.

08.. $-1\le x\le 0$에서 정의된 무리함수 $f(x)=\sqrt{1-x^2}$의 역함수를 구하고 역함수의 그래프를 그려라.

09.. 다음 무리방정식을 풀어라.

(1) $\sqrt{x+10} = x-2$

(2) $2\sqrt{x} - \sqrt{x+9} = 3$

(3) $x^2 - 2x + \sqrt{x^2-2x-2} = 4$

10.. 무리부등식을 풀어라.

(1) $\sqrt{x+10} \geq x-2$

(2) $\sqrt{3-x} < x-1$

1.3 지수함수와 로그함수

a^x 의 정의

$a>0$, $a\neq 1$인 실수 a에 대하여, a^x가 어떻게 정의되는지를 알아보자.

(1) $a^0=1$

(2) 자연수 m,n에 대하여, $a^n = a\cdot a\cdot \cdots \cdot a$ (a를 n번 곱한 것)

(3) 자연수 m,n에 대하여, $a^{mn}=(a^m)^n=(a^n)^m$

(4) 자연수 n에 대하여, $a^{-n}=\dfrac{1}{a^n}=\dfrac{1}{a\cdot a\cdot \cdots \cdot a}$

(5) 자연수 n에 대하여, $a^{\frac{1}{n}}=\sqrt[n]{a}$

(6) 유리수 $\dfrac{n}{m}$에 대해서, $a^{\frac{n}{m}}=(\sqrt[m]{a})^n=\sqrt[m]{a^n}$

(7) 무리수 r은 유리수로 이루어진 수열의 극한으로 나타낼 수 있다.

유리수의 수열 $p_1, p_2, p_3, \cdots$ 의 극한을 r이라고 하면

수열 $a^{p_1}, a^{p_2}, a^{p_3}, \cdots$ 의 극한으로 a^r을 정의한다.

따라서 모든 실수 x에 대하여 a^x를 정의할 수 있다.

주의 : 예를 들어, 지수가 무리수인 $2^{\sqrt{2}}$의 값을 생각해 보자.

무리수 $\sqrt{2}=1.4142\cdots$ 이므로 $\sqrt{2}$에 가까운 유리수의 수열 1.4, 1.41, 1.414, 1.4142, ⋯ 를 지수로 하는 거듭제곱의 수열 $2^{1.4}$, $2^{1.41}$, $2^{1.414}$, $2^{1.4142}$, ⋯ 은 점점 일정한 값에 가까워진다. 그 일정한 값을 $2^{\sqrt{2}}$로 정의한다.

정리 1.3.1 [지수법칙]

양의 실수 a, b와 임의의 실수 x, y에 대하여 다음이 성립한다.

(1) $a^0 = 1$ (2) $a^{-1} = \dfrac{1}{a}$ (3) $a^{x+y} = a^x a^y$

(4) $a^{x-y} = \dfrac{a^x}{a^y}$ (5) $(a^x)^y = a^{xy}$ (6) $(ab)^x = a^x b^x$

예제 1.3.1 $\left\{\left(\dfrac{2}{125}\right)^{\frac{1}{3}}\right\}^{\frac{3}{2}} \times \left(\dfrac{8}{5}\right)^{-\frac{1}{2}}$을 간단히 하여라.

*** **풀이** $\left\{\left(\dfrac{2}{125}\right)^{\frac{1}{3}}\right\}^{\frac{3}{2}} \times \left(\dfrac{8}{5}\right)^{-\frac{1}{2}} = \left(\dfrac{2}{125}\right)^{\frac{1}{3}\times\frac{3}{2}} \times \left(\left(\dfrac{8}{5}\right)^{-1}\right)^{\frac{1}{2}}$

$$= \left(\frac{2}{125}\right)^{\frac{1}{2}} \times \left(\frac{5}{8}\right)^{\frac{1}{2}} = \left(\frac{2}{125} \times \frac{5}{8}\right)^{\frac{1}{2}} = \left(\frac{1}{100}\right)^{\frac{1}{2}} = \frac{1}{10}$$ ∎

유제 1.3.1 양의 실수 a와 b에 대하여, $\sqrt{ab^3} \times \sqrt[4]{ab} \div \sqrt[3]{ab^2}$을 간단히 하여라.

정의 1.3.1 [지수함수]

$a > 0$, $a \neq 1$인 실수 a에 대하여, 다음의 함수 f를 **지수함수(exponential function)**라고 한다.

$$f(x) = a^x$$

여기에서 a를 a^x의 **밑(base)**이라고 하고 x는 **지수(exponent)**라고 한다.

지수함수 f의 정의역은 실수의 집합이고 치역은 양의 실수의 집합이다.

지수함수의 그래프

$a>0$, $a \neq 1$인 지수함수 $f(x)=a^x$에 대하여,

(1) $0<a<1$이면 $f(x)$는 감소함수이고, $a>1$이면 $f(x)$는 증가함수이다.

(2) $(0,\ 1)$을 지나므로 y절편은 1이지만 $f(x)>0$이므로 x절편은 없다.

(3) x축을 수평점근선으로 가진다.

(4) $f(x)=a^x$의 그래프와 $f(x)=a^{-x}$의 그래프는 y축에 대칭이고 그래프의 개형은 다음과 같다.

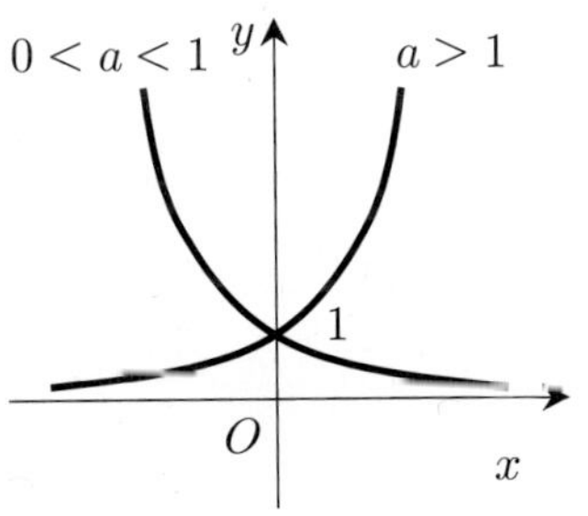

예제 1.3.2 함수 $f(x)=2-2^x$의 x절편, y절편과 점근선을 구하고 그래프를 그려라.

풀이 $2-2^x=0$의 해는 $x=1$이고 $f(0)=1$이므로 x절편 1이고 y절편 1이다.

$y=2^x$의 그래프를 x축에 대칭이동시키면 $y=-2^x$의 그래프이고 다시 y축 방향으로 2만큼 평행이동하면 $y=-2^x+2$의 그래프이다.

$y=2^x$의 그래프의 점근선 $y=0$을 x축에 대칭이동시키고 y축 방향으로 2만큼 평행이동하면 $y=-2^x+2$의 그래프의 점근선은 $y=2$가 된다. 그래프는 다음과 같다.

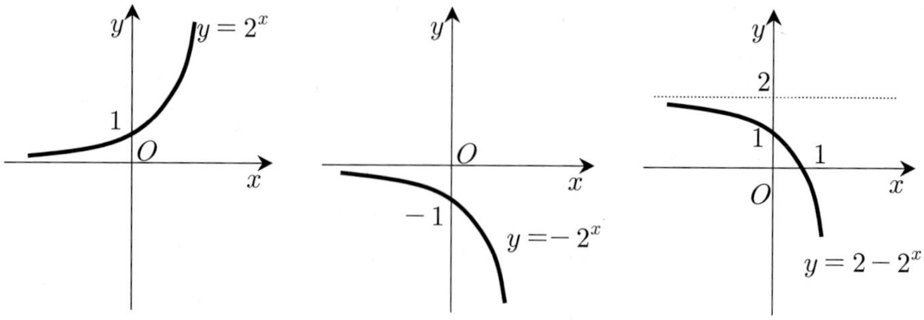

■

유제 1.3.2 함수 $f(x)=3^{x-2}-3$의 x절편, y절편과 점근선을 구하고 그래프를 그려라.

예제 1.3.3 함수 $f(x)=4\cdot\ 2^{x}-1$의 x절편, y절편과 점근선을 구하고 그래프를 그려라.

풀이 $f(x)=4\cdot\ 2^{x}-1=2^{x+2}-1$이다.

$2^{x+2}-1=0$의 해는 $x=-2$, $f(0)=3$이므로 x절편 -2이고 y절편 3.

$y=2^{x}$의 그래프를 x축 방향으로 -2만큼, y축 방향으로 -1만큼 평행이동하면 $y=2^{x+2}-1$의 그래프이다.

$y=2^{x}$의 그래프의 점근선 $y=0$(x축)을 x축 방향으로 -2만큼, y축 방향으로 -1만큼 평행이동시키면 $y=2^{x+2}-1$의 그래프의 점근선은 $y=-1$가 된다. 그래프는 다음과 같다.

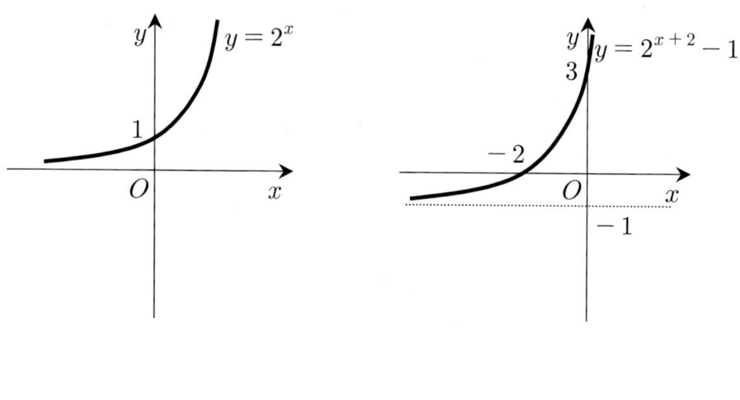

■

유제 1.3.3 함수의 $f(x) = -81 \cdot 3^x + 1$의 x절편, y절편과 점근선을 구하고 그래프를 그려라.

정의 1.3.2 [지수방정식]

지수에 미지수 x에 관한 식을 포함하는 방정식을 **지수방정식(exponential equation)**이라고 한다.

지수방정식의 풀이

(1) 지수방정식이 밑이 같아지는 $b^{p(x)} = b^{q(x)}$의 형태로 정리가 되면
지수함수가 일대일 함수임에 착안하여 $p(x) = q(x)$를 얻고
이 식을 만족하는 x를 찾으면 지수방정식의 해를 구할 수 있다.

(2) 지수방정식에 한 가지 형태의 a^x가 여러 항에 포함되어 있으면
$a^x = A$로 두어 A에 관한 방정식으로 변형한 다음 이를 풀고,
그 결과를 다시 $b^{p(x)} = b^{q(x)}$의 형태로 정리하여 지수방정식의 해를 구한다.
(주의) $a^x = A$라고 둘 때, $A > 0$인 것에 주의해야 한다.

예제 1.3.4 지수방정식 $2^{x^2 - x} = 4$을 풀어라.

*** **풀이** $2^{x^2 - x} = 4 = 2^2$에서 $x^2 - x = 2$이고 $x^2 - x - 2 = (x-2)(x+1) = 0$이므로
해는 $x = -1, 2$이다. ∎

유제 1.3.4 지수방정식 $\left(\frac{3}{5}\right)^{x^2 - 3} = \left(\frac{5}{3}\right)^{-x+1}$을 풀어라.

예제 1.3.5 지수방정식 $3^x - 8 - 3^{2-x} = 0$을 풀어라.

풀이 방정식을 변형하면 $3^x - 8 - 3^{2-x} = 3^x - 8 - \dfrac{9}{3^x} = 0$이다.

$A = 3^x$라고 두면 $A > 0$이고 주어진 식은 $A - 8 - \dfrac{9}{A} = 0$이다.

양변에 A를 곱하여 풀면

$A^2 - 8A + 9 = (A-9)(A+1) = 0$이므로 $A = -1, 9$이다.

하지만 $A > 0$이므로 $A = 9$이다. 즉 $3^x = 9 = 3^2$이므로 $x = 2$이다. ∎

유제 1.3.5 지수방정식 $\left(\dfrac{1}{4}\right)^x - 3\left(\dfrac{1}{2}\right)^x = 4$를 풀어라.

정의 1.3.3 [지수부등식]

지수에 미지수 x에 관한 식을 포함하는 부등식을 **지수부등식**이라고 한다.

지수부등식의 풀이

(1) 지수부등식이 밑이 같아지는 $b^{p(x)} > b^{q(x)}$의 형태로 정리가 되면
지수함수가 일대일 함수이지만
밑의 크기가 1보다 크면 증가함수, 0과 1사이이면 감소함 수임을 착안하여
$b > 1$이면 $p(x) > q(x)$이고 $0 < b < 1$이면 $p(x) < q(x)$임을 알 수 있다.

(2) 밑을 같이 할 수 없는 경우는 로그함수에서 공부하도록 한다.

예제 1.3.6 지수부등식 $2^{x^2-x} > 4$를 풀어라.

풀이 $4=2^2$이므로 주어진 부등식은 밑을 2로 바꾸어서 표현할 수 있다.

즉, $2^{x^2-x} > 2^2$이고 $2>1$이므로 $x^2-x>2$임을 알 수 있다.

$x^2-x-2=(x-2)(x+1)>0$의 해는 $x>2$ 또는 $x<1$이므로

주어진 부등식의 해도 $x>2$ 또는 $x<1$이다. ∎

유제 1.3.6 지수부등식 $\left(\frac{3}{5}\right)^{x^2-3} \geq \left(\frac{5}{3}\right)^{-x+1}$을 풀어라.

예제 1.3.7 지수부등식 $3^x-8-3^{2-x} \leq 0$을 풀어라.

풀이 부등식의 좌변을 변형하면 $3^x-8-3^{2-x}=3^x-8-\frac{9}{3^x}$ 이므로

$A=3^x$라고 두면 $A>0$이고 주어진 식은 $A-8-\frac{9}{A} \leq 0$이다.

양변에 A를 곱하여 풀면

$A^2-8A+9=(A-9)(A+1) \leq 0$이므로 $-1 \leq A \leq 9$ 이다.

하지만 $A>0$이므로 $0<3^x \leq 3^2$이고 밑인 $3>1$이므로

주어진 부등식의 해는 $x \leq 2$임을 알수 있다. ∎

유제 1.3.7 지수부등식 $\left(\frac{1}{4}\right)^x-3\left(\frac{1}{2}\right)^x<4$를 풀어라.

정의 1.3.4 [오일러 수 e]

점 $(0, 1)$에서 접선의 기울기가 1인 지수함수 $f(x) = a^x$의 밑을 **오일러 수(Euler number)**라고 부르고, e라고 쓴다.
오일러 수 e는 무리수이고 e를 소수로 나타내면 다음과 같다.

$$e = 2.71828183 \cdots$$

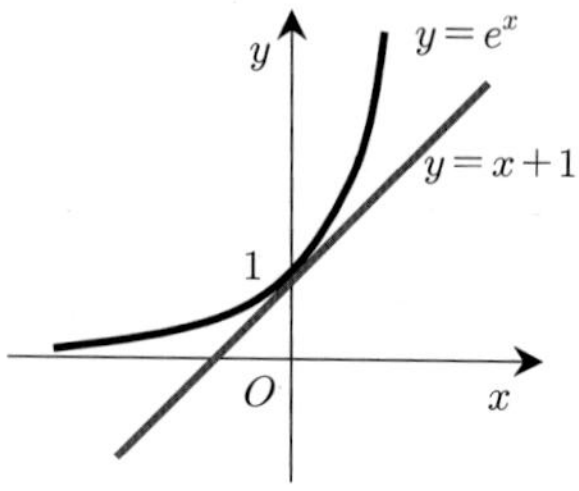

주의: 오일러 수 e는 자연로그의 밑이라고도 불리는 무리수이며 오일러 수 e는 여러 가지 방법으로 정의할 수 있다. 오일러 수에 관한 다른 정의는 다음에 설명하겠다.

$a>0$이고 $a\neq 1$인 지수함수 $f(x)=a^x$ $(f:\mathbb{R}\to\mathbb{R}^+)$가 $0<a<1$이면 감소함수이고, $a>1$이면 증가함수이므로 일대일 함수이다. 따라서 역함수 $f:\mathbb{R}^+\to\mathbb{R}$를 가진다. 이 지수함수의 역함수를 로그함수라고 한다.

정의 1.3.5 [로그함수]

$a>0$이고 $a\neq 1$인 지수함수 $f(x)=a^x$의 역함수를 **로그함수(logarithmic function)**라고 하고 $f(x)=\log_a x$라고 쓴다. 따라서

$$y=\log_a x \Leftrightarrow x=a^y\ (a>0,\ a\neq 1)$$

여기에서 a를 $\log_a x$의 **밑(base)**이라고 하고 x를 **진수**라고 한다.

로그함수의 정의역은 양의 실수의 집합이고 치역은 실수의 집합이다.

주의: 지수함수 $f(x)=a^x$와 로그함수 $g(x)=\log_a x$는 서로 역함수이므로 다음이 성립한다.

$$a^{\log_a x}=x,\ x>0$$

$$\log_a a^x=x,\ x\in\mathbb{R}$$

각 식의 x의 범위에 주의하자.

로그함수의 그래프

$a>0$, $a\neq 1$인 로그함수 $f(x)=\log_a x$에 대하여,

(1) $0<a<1$이면 $f(x)$는 감소함수이고, $a>1$이면 $f(x)$는 증가함수이다.

(2) 그래프는 항상 $(1,0)$과 $(a,1)$을 지난다.

(3) 그래프는 y축을 수직점근선으로 가진다.

(4) 그래프의 개형은 다음과 같다.

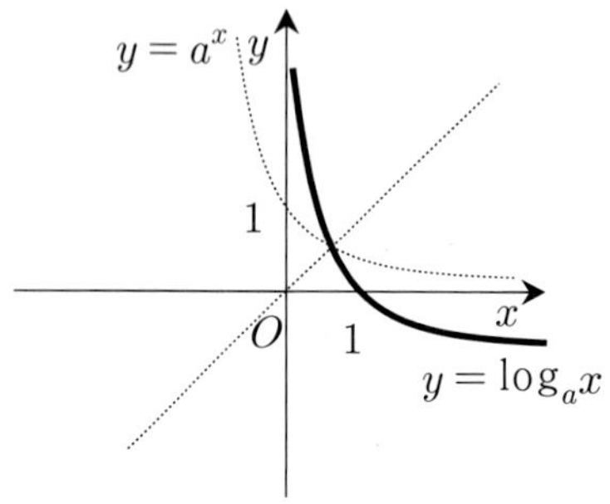

$0<a<1$

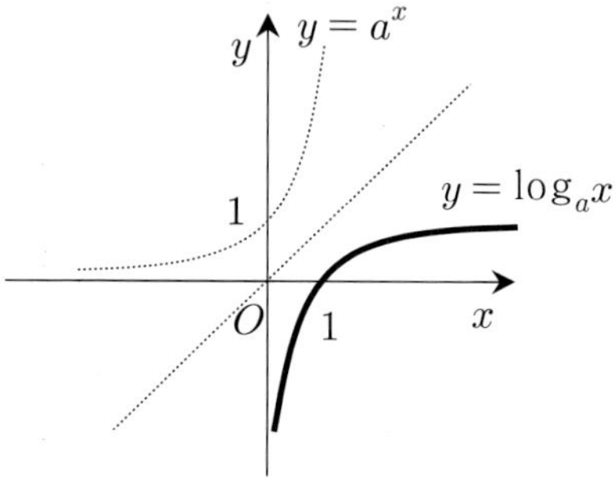

$a>1$

예제 1.3.8 로그함수 $y=\log_2 x$, $y=\log_{\frac{1}{2}} x$, $y=\log_3 x$, $y=\log_3(-x)$의 그래프의 개형은 다음과 같다.

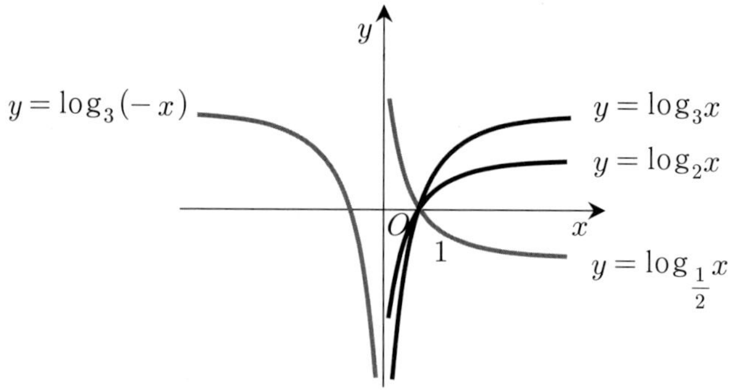

정의 1.3.6 [자연로그함수]

밑이 e인 로그함수를 **자연로그함수(natural logarithmic function)**라고 하고 $f(x)=\ln x$라고 적는다. 따라서

$$y=\ln x \Leftrightarrow x=e^y$$

자연로그함수의 정의역은 양의 실수의 집합이고 치역은 실수의 집합이다.

주의: 자연로그함수 $y=\ln x$는 지수함수 $y=e^x$의 역함수이다. 따라서 다음이 성립한다.

$$e^{\ln x}=x, \ x>0$$
$$\ln e^x=x, \ x\in\mathbb{R}$$

$e>1$이므로 자연로그함수의 그래프는 다음과 같다.

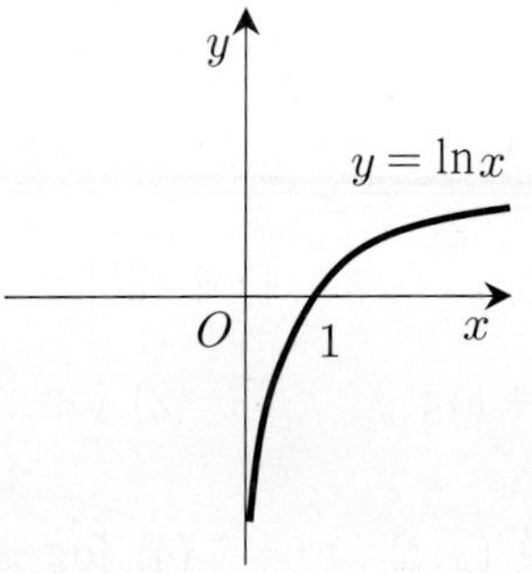

예제 1.3.9 함수 $f(x)=\ln(1-x)$의 x절편, y절편과 점근선을 구하고 그래프를 그려라.

풀이 $f(x)=\ln(1-x)$는 일대일 함수이고 $f(0)=0$이므로 x절편 0이고 y절편 0이다. 따라서 로그함수 $y=\ln(1-x)$의 그래프는 원점을 지난다.

$y=\ln x$의 그래프를 y축에 대칭이동시키면 $y=\ln(-x)$의 그래프이고 다시 x축 방향으로 1만큼 평행이동하면 $y=\ln(-(x-1))=\ln(1-x)$의 그래프이다.

$y=\ln x$의 그래프의 점근선 $x=0$(y축)을 y축에 대칭이동하고 x축 방향으로 1만큼 평행이동하면 $y=\ln(1-x)$의 그래프의 점근선 $x=1$이 된다. 그래프를 그리면 다음과 같다.

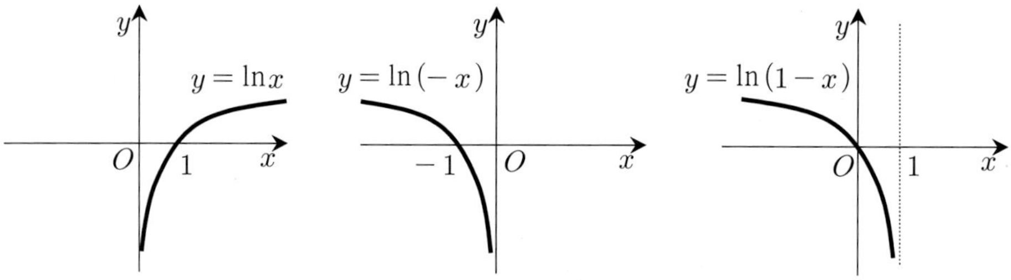

∎

유제 1.3.9 함수의 $f(x)=-\ln(1-x)+5$의 x절편, y절편과 점근선을 구하고 그래프를 그려라.

정리 1.3.2 [로그법칙]

양의 실수 a, b, x, y $(a\neq 1,\ b\neq 1)$에 대하여 다음이 성립한다.

(1) $\log_a(xy)=\log_a x+\log_a y$ (2) $\log_a\left(\dfrac{x}{y}\right)=\log_a x-\log_a y$

(3) $\log_a(x^y)=y\log_a x$ (y:실수) (4) $\log_a x=\dfrac{\log_b x}{\log_b a}$

특히, $\log_a x=\dfrac{\ln x}{\ln a}$

예제 1.3.10 $\log_2(\sqrt[4]{4}\times\sqrt{2^3})$와 $\log_3 108-\log_3 4$를 간단히 하여라.

*** **풀이** $\log_2(\sqrt[4]{4}\times\sqrt{2^3})=\log_2\left(4^{\frac{1}{4}}\times 2^{\frac{3}{2}}\right)=\log_2\left((2^2)^{\frac{1}{4}}\times 2^{\frac{3}{2}}\right)$

$=\log_2\left(2^{\frac{1}{2}}\times 2^{\frac{3}{2}}\right)=\log_2 2^{\frac{1}{2}+\frac{3}{2}}=\log_2 2^2=2$이다.

$\log_3 108-\log_3 4=\log_3\dfrac{108}{4}=\log_3 27=\log_3 3^3=3$이다.

(별해)

$\log_2(\sqrt[4]{4}\times\sqrt{2^3})=\log_2\sqrt[4]{4}+\log_2\sqrt{2^3}$

$=\log_2(2^2)^{\frac{1}{4}}+\log_2(2^3)^{\frac{1}{2}}$

$=\log_2 2^{\frac{1}{2}}+\log_2 2^{\frac{3}{2}}=\dfrac{1}{2}+\dfrac{3}{2}=2$이다.

$\log_3 108-\log_3 4=\log_3 4\times 27-\log_3 4$

$=\log_3 4+\log_3 27-\log_3 4=\log_3 27=3$ 이다. ∎

유제 1.3.10 $\ln 2=a$, $\ln 3=b$라고 할 때, 다음을 a와 b로 표현하여라.

(1) $\log_2 72$ (2) $\log_9 6$

예제 1.3.11 $f(x)=\ln x^2$와 $f(x)=2\ln x$의 그래프를 비교하여라.

*** **풀이**

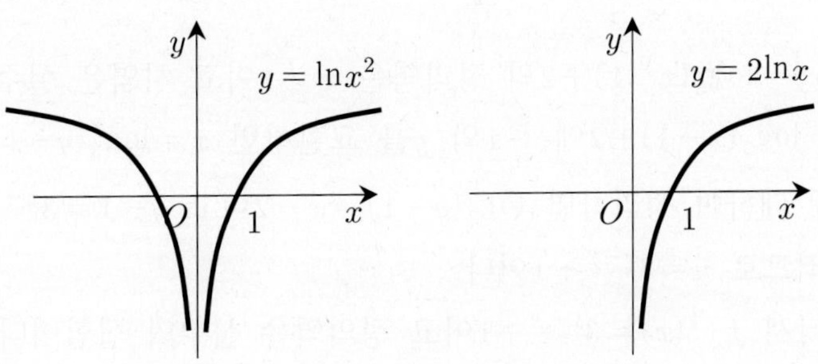

∎

예제 1.3.12 함수 $f(x)=\log_2(2x)$의 x절편, y절편과 점근선을 구하고 그래프를 그려라.

풀이 $\log_2(2x)=0$의 해는 $x=\dfrac{1}{2}$이고, 0는 $f(x)$의 정의역에 속하지 않으므로 x절편 $\dfrac{1}{2}$이고 y절편은 없다.

$f(x)=\log_2(2x)=\log_2 2+\log_2 x=\log_2 x+1$이므로 $y=\log_2 x$의 그래프를 y축 방향으로 1만큼 평행이동하면 $y=\log_2 x+1$의 그래프이다.

$y=\log_2 x$의 그래프의 점근선 $x=0$(y축)을 y축 방향으로 1만큼 평행이동해도 $y=\log_2 x+1$의 그래프의 점근선은 $x=0$(y축)이다.

그래프를 그리면 다음과 같다.

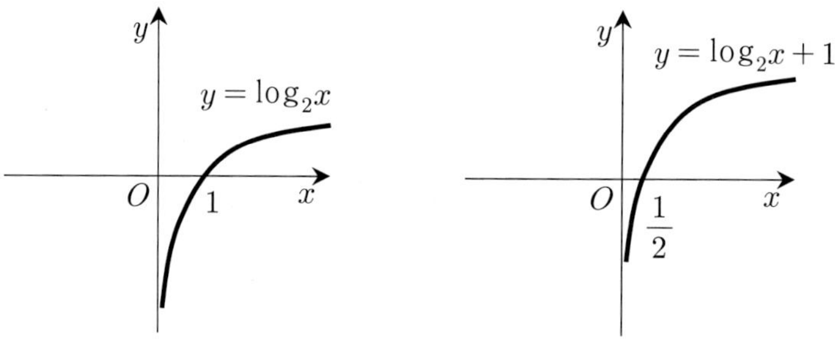

∎

유제 1.3.12 $f(x)=\log_3 x$, $g(x)=3x+1$일 때, $y=f(x)$와 $y=f(g(x))$의 그래프를 비교하여라.

예제 1.3.13 $f(x)=\log_3(x-1)+2$의 역함수를 구하여라.

풀이 $f(x)=\log_3(x-1)+2$의 정의역은 $x>1$이고 치역은 실수의 집합이다.

$y=\log_3(x-1)+2$에서 x와 y를 교환하면 $x=\log_3(y-1)+2$이고

y에 대하여 정리하면 $\log_3(y-1)=x-2$이고 $y-1=3^{x-2}$이다.

그러므로 $y=3^{x-2}+1$이다.

따라서 $f^{-1}(x)=3^{x-2}+1$이고 정의역은 실수의 집합이다. ∎

유제 1.3.13 $f(x) = \log_5(4x) - 3$의 역함수를 구하여라.

정의 1.3.7 [로그방정식과 로그부등식]

밑이나 진수에 미지수 x가 있는 로그를 포함하는 방정식을 **로그방정식**(logarithmic equation), 부등식을 **로그부등식**이라고 한다.

로그방정식과 로그부등식의 해

(1) 로그방정식은 밑이 같게 정리한다.
(2) 로그함수가 일대일 함수임을 이용하여 방정식을 만족하는 x를 찾기나 또는 적절한 치환을 이용하여 로그방정식의 해를 구한다.
(3) 로그방정식의 로그들의 밑과 지수의 조건을 확인한다.
(4) 로그부등식은 로그함수가 증가 또는 감소함수임을 이용하여 문제를 풀어 나간다.

예제 1.3.14 로그방정식 $\log_x(4x-3) = 2$을 풀어라.

*** **풀이** $\log_x(4x-3) = 2$의 밑과 진수의 조건에서 $x > 0, x \neq 1, 4x-3 > 0$이다.

따라서 $x > \frac{3}{4}$이고 $x \neq 1$이다.

$\log_x(4x-3) = 2 = \log_x x^2$이므로 $x^2 = 4x-3$이다.

$x^2 - 4x + 3 = (x-1)(x-3) = 0$에서 $x = 1, 3$이다.

밑과 진수의 조건 안에 있는 값은 $x = 3$이다. ∎

유제 1.3.14 로그방정식 $\log_{x+1}(x-2)^2 = 2$을 풀어라.

예제 1.3.15 로그방정식 $(\log_2 x)^3 = \log_2 x^4$을 풀어라.

*** **풀이** $(\log_2 x)^3 = \log_2 x^4$의 밑과 진수의 조건에서 $x > 0$이다.

$(\log_2 x)^3 = \log_2 x^4$을 변형하면 $(\log_2 x)^3 = 4\log_2 x$이다.

$A = \log_2 x$라고 두면 $A^3 = 4A$이다.

$A^3 - 4A = A(A^2 - 4) = A(A-2)(A+2) = 0$이므로 $A = -2, 0, 2$이다.

$A = -2$이면 $\log_2 x = -2 = \log_2 2^{-2} = \log_2 \frac{1}{4}$이므로 $x = \frac{1}{4}$이다.

$A = 0$이면 $\log_2 x = 0$이므로 $x = 1$이다.

$A = 2$이면 $\log_2 x = 2 = \log_2 2^2 = \log_2 4$이므로 $x = 4$이다.

따라서 해는 $x = \frac{1}{4}, 1, 4$이다. ∎

유제 1.3.15 로그방정식 $(\log_3 x)^2 + \log_{\frac{1}{3}}(27x)^3 + 5\log_3 \frac{1}{x}$을 풀어라.

예제 1.3.16 로그부등식 $\log_x(4x-3) \geq 2$을 풀어라.

*** **풀이** $\log_x(4x-3) \geq 2 = \log_x x^2$의 밑과 진수 조건 $x > \frac{3}{4}$, $x \neq 1$이다.

$x > 1$이면 로그함수가 증가함수이므로 $4x - 3 \geq x^2$이고

변형하여 풀면 $x^2 - 4x + 3 = (x-3)(x-1) \leq 0$이므로 $1 \leq x \leq 3$이다.

따라서 $1 < x \leq 3$이다.

$\frac{3}{4} < x < 1$이면 로그함수는 감소함수이므로 $4x - 3 \leq x^2$이고

변형하여 부등식을 풀면 $x^2 - 4x + 3 = (x-3)(x-1) \geq 0$이므로

$x \leq 1, x \geq 3$이다. 따라서 $\frac{3}{4} < x < 1$이다.

그러므로 구하는 해는 $\frac{3}{4} < x < 1$, $1 < x \leq 3$이다. ∎

유제 1.3.16 $(\log_x 2)^2 < \log_x (2^2)$를 풀어라.

＊ 연습문제 1.3 ＊

01.. $\sqrt[3]{2}$, $\sqrt[4]{3}$, $\sqrt[6]{5}$를 크기 순서로 나열하고 그 이유를 설명하여라.

02.. $3\log_3 6 + \log_{\frac{1}{3}} 2 + \log_3 \frac{1}{6}$을 간단히 하여라.

03.. 함수 $y = 1 - e^x$의 x절편, y절편과 점근선을 구하고 그래프를 그려라.

04.. 함수 $f(x) = \log_{(x-2)}(x^2 - 5x + 4)$의 정의역을 구하여라.

05.. 지수방정식 $2^x = 3 \cdot 6^x$을 풀어라.

06.. 로그방정식 $\log_9 x^2 + \log_x 9 - 3 = 0$을 풀어라.

07.. $3^{2a} = 4$일 때, $\dfrac{3^a - 3^{-a}}{3^a + 3^{-a}}$의 값을 구하여라.

08.. $f(x) = 3^{x-1} - 2$의 역함수 $f^{-1}(x)$를 구하고, $-1 \le x \le 7$에서 $f^{-1}(x)$의 최솟값과 최댓값을 구하여라.

09.. $x \ge 0$에서 함수 $f(x) = e^{x^2}$의 역함수를 구하여라.

10.. $f(x) = \dfrac{1 - e^x}{1 + e^x}$의 역함수를 구하여라.

11▪▪ $y = \ln|x|$의 그래프를 그려라.

1.4 삼각함수

평면기하학에서 **각**을 "평면의 한 점에서 그은 두 개의 반직선으로 이루어진 도형"으로 정의하고 있다. 두 각이 등거리 변환(isometry)—평행이동, 대칭이동, 회전이동 등—에 의해서 하나의 각이 다른 하나의 각으로 옮겨갈 때, 주어진 **두 각은 같다(congruence)**고 한다. 각을 크기를 호도법(혹은 육십분법)으로 0과 π 사이의 값(혹은 $0°$와 $180°$ 사이의 값)으로 정의하면 각과 각의 크기는 일대일 대응이 발생한다. 같은 각에 대해 각의 크기는 같고, 같은 각의 크기를 가지는 각은 역시 같은 각이다. 따라서 각의 크기로 각을 나타낸다. 즉, 각 $45°$는 $45°$의 크기를 가지는 각을 의미한다. 한편 각의 크기가 0과 π 사이의 값(혹은 $0°$와 $180°$ 사이의 값)에서 실수의 집합으로 확장되면 다른 각의 크기로 나타내는 각이 같은 각을 나타내기도 한다. 예를 들면, 각 π, $-\pi$, 3π는 모두 같은 각이다. 지금부터 하나하나 필요한 개념을 소개한다.

다음 그림과 같이 평면의 한 점 O에서 그은 두 개의 반직선 $\overrightarrow{OX}$와 $\overrightarrow{OP}$로 이루어진 도형을 **각(angle)**이라고 하고 $\angle XOP$ 또는 $\angle POX$로 나타내며 O를 **꼭짓점**, $\overrightarrow{OX}$를 **시초선** 그리고 $\overrightarrow{OP}$를 **동경**이라고 한다. 각을 기준선에서 동경까지 반시계방향으로 그 크기를 측정한 각을 **양의 각(positive angle)**, 시계방향으로 그 크기를 측정한 각을 **음의 각(negative angle)**이라 한다.

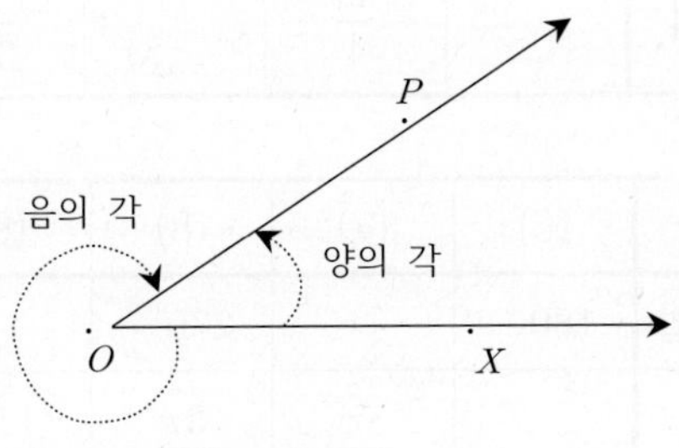

각의 크기를 나타내는 방법인 육십분법과 호도법을 소개하자. 동경이 기준선에서 출발하여 반시계 방향으로 한 바퀴 회전하여 다시 기준선까지 이동한 것을 360등분

하여 하나에 해당하는 양을 **1도(degree)**라 하고 $1°$로 표시한다. 1도의 60분의 1을 **1분(minute)**이라고 하고 $1'$로 나타내고 1분의 60분의 1을 **1초(second)**라고 하고 $1''$로 나타낸다. 이와 같이 도, 분, 초의 단위를 사용하여 각의 크기를 나타내는 방법을 **육십분법(sexagesimal system)**이라 한다. 한편 호의 길이로 각도를 표현하는 방법으로 라디안은 '각에 대응하는 호의 길이를 원의 반지름으로 나눈 값'으로 반지름의 길이와 호의 길이가 같을 때, 1**호도(radian)**라 하고 1 rad로 나타내지만 일반적으로 rad를 생략한다. 이와 같은 방법을 **호도법(circular system)**이라고 한다. 각의 크기가 $90°$인 각을 **직각(right angle)**, $180°$인 각을 **평각(straight angle)**이라고 하고 각의 크기가 $0°$와 $90°$ 사이인 각을 **예각(acute angle)**, $90°$와 $180°$ 사이의 각을 **둔각(obtuse angle)**이라고 한다.

주의 : $2\pi = 360°$이므로 육십분법과 호도법의 관계는 다음과 같다.

$$1\,\mathrm{rad} = \frac{180°}{\pi},\ 1° = \frac{\pi}{180}\,\mathrm{rad}$$

예제 1.4.1 다음의 표는 육십분법으로 표현된 각의 크기와 호도법으로 표현된 각의 크기를 짝지워 놓은 것이다. 빈 칸을 채워라. (단, 육십분법으로 표현된 각의 크기는 $0°$와 $360°$ 사이의 값이고, 호도법으로 표현된 각의 크기는 0과 2π 사이의 값이다.)

	(1)	(2)	(3)	(4)	(5)
육십분법	$30°$	$45°$	$60°$		$120°$
호도법		$\frac{\pi}{4}$		$\frac{\pi}{2}$	

	(6)	(7)	(8)	(9)	(10)
육십분법	$180°$		$270°$		$360°$
호도법		$\frac{5\pi}{4}$	$\frac{3\pi}{2}$	$\frac{11\pi}{6}$	

*** **풀이**

	(1)	(2)	(3)	(4)	(5)
육십분법	$30°$	$45°$	$60°$	$90°$	$120°$
호도법	$\frac{\pi}{6}$	$\frac{\pi}{4}$	$\frac{\pi}{3}$	$\frac{\pi}{2}$	$\frac{2\pi}{3}$

	(6)	(7)	(8)	(9)	(10)
육십분법	$180°$	$225°$	$270°$	$330°$	$360°$
호도법	π	$\frac{5\pi}{4}$	$\frac{3\pi}{2}$	$\frac{11\pi}{6}$	2π

∎

유제 1.4.1 다음의 육십분법으로 표현된 각의 크기를 호도법으로 표현된 각의 크기로 바꾸어라.

(1) $75°$　　(2) $108°$　　(3) $345°$

주의 : 같은 크기를 가지는 각은 같은 각인 것을 쉽게 알 수 있고 주어진 각에 대한 양의 각과 음의 각은 같은 각을 의미한다. 즉, 각의 크기가 $\frac{\pi}{2}$인 각과 각의 크기가 $-\frac{3\pi}{2}$인 각은 모두 직각으로 같다. 각의 크기가 주어지면 그 크기에 해당하는 각을 생각할 수 있지만 각이 크기가 다르지만 같은 각을 나타내는 경우도 있는 것이다.

주의 : 지금부터 우리는 각의 크기로 각을 나타내고자 한다. 즉, 각 $\frac{\pi}{2}$는 직각을 나타낸다. θ의 크기를 가지는 각은 $\theta \pm 2\pi$의 크기를 가지는 각과 같다고 할 수 있다. 주어진 각에 대하여 그 크기를 나타내는 모든 실수를 표현한 것을 **일반각**이라고 한다.

점 O가 좌표평면의 원점이고 점 X가 양의 x축 위에 있는 점이라고 하면 양의 x축 $\overrightarrow{OX}$를 시초선으로 하고 동경 $\overrightarrow{OP}$가 속하는 사분면에 따라 $\angle XOP$을 **제 1사분면의 각**, **제 2사분면의 각**, **제 3사분면의 각** 그리고 **제 4사분면의 각**이라고 부른다. 다음 그림의 각 $\angle XOP$는 제 2사분면의 각이다.

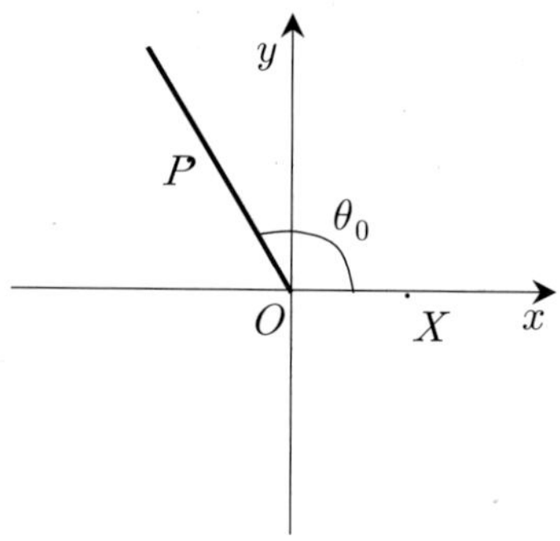

앞의 그림에서 반직선 $\overrightarrow{OX}$와 $\overrightarrow{OP}$에 의하여 이루어지는 각을 $\angle XOP = \theta_0$ (또는 $\theta_0{}^\circ$)라고 하면, 정수 n에 대해 θ_0(또는 $\theta_0{}^\circ$)에 $2n\pi$(또는 $(360n)^\circ$)가 더한 것도 $\angle XOP$을 나타낸다. 이를 $\angle XOP$의 일반각이라고 하고 일반각 θ(또는 θ°)는 다음과 같이 나타난다.

$$\theta = \theta_0 + 2n\pi \text{ (또는 } \theta^\circ = \theta_0{}^\circ + (360n)^\circ\text{), 단 } n\text{은 정수}$$

예제 1.4.2 직각의 일반각 θ를 구하여라.

*** **풀이** 한 직각이 $\frac{\pi}{2}$로 나타내므로 직각의 일반각은 다음과 같다.

$$\theta = \frac{\pi}{2} + 2n\pi \text{ (}n\text{은 정수)}$$

직각을 90°로 나타내므로 직각의 일반각을 다음과 같이 나타낼 수 있다.

$$\theta^\circ = 90^\circ + (360n)^\circ \text{ (}n\text{은 정수)}$$ ∎

유제 1.4.2 점 $P(1,1)$, $O(0,0)$와 $X(1,0)$에 대하여, $\angle XOP$의 일반각을 구하여라.

다음 그림과 같이 중심이 O이고 반지름의 길이가 r인 원 위의 점 A, B에 대하여, 선분 OA와 OB 그리고 호 $\widehat{AB}$로 이루어진 도형을 **부채꼴(sector)**이라고 하고 $\angle AOB$를 부채꼴의 **중심각**이라고 한다. 중심각 θ를 라디안으로 나타내면 부채꼴의 호의 길이 l과 부채꼴의 넓이 s는 다음의 정리와 같다.

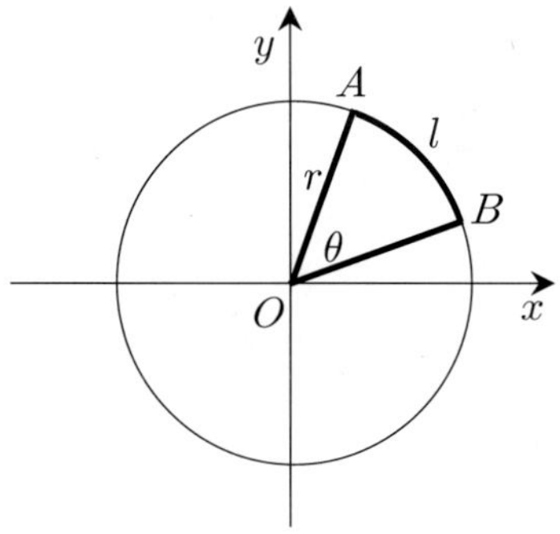

정리 1.4.1 [부채꼴의 호의 길이와 넓이]

반지름이 r, 중심각이 θ인 부채꼴의 호의 길이 l과 넓이 s는 다음과 같다.

$$l = r\theta,\ s = \frac{1}{2}r^2\theta = \frac{1}{2}rl$$

증명 부채꼴의 호의 길이는 중심각에 비례하고 중심각 θ에 대응하는 호의 길이가 l이면 2π에 대응하는 호의 길이는 $2\pi r$이다. 따라서 다음의 비례식이 성립한다.

$$\theta : l = 2\pi : 2\pi r$$

이 비례식에서 $l = r\theta$를 얻는다.

부채꼴의 넓이는 중심각에 비례하고 중심각 θ에 대응하는 넓이가 s이면 2π에 대응하는 넓이는 πr^2이다. 따라서 다음의 비례식이 성립한다.

$$\theta : l = 2\pi : 2\pi r$$

이 비례식에서 $s = \frac{1}{2}r^2\theta$를 얻고 $l = r\theta$를 대입하면 $s = \frac{1}{2}rl$이다. ∎

예제 1.4.3 반지름이 6이고 중심각이 $\frac{\pi}{6}$인 부채꼴의 호의 길이 l과 넓이 s를 구하여라.

풀이 $r=6,\ \theta=\frac{\pi}{4}$이므로

$l=r\theta=6\times\frac{\pi}{4}=\frac{3\pi}{2}$이고 $s=\frac{1}{2}rl=\frac{1}{2}\times 6\times\frac{3\pi}{2}=\frac{9\pi}{2}$이다. ∎

유제 1.4.3 반지름이 4이고 호의 길이가 3π인 부채꼴의 중심각의 크기를 구하여라.

예제 1.4.4 부채꼴의 넓이가 $\frac{\pi}{2}$이고 중심각이 $\frac{\pi}{3}$일 때, 부채꼴의 반지름을 구하여라.

풀이 $s=\frac{1}{2}r^2\theta$이므로 $\frac{\pi}{2}=\frac{1}{2}\times r^2\times\frac{\pi}{3}$이다. 정리하면 $r^2=3$이다.

따라서 $r=\sqrt{3}$이다. ∎

유제 1.4.4 부채꼴의 넓이가 3π이고 반지름이 $\frac{2\pi}{3}$일 때, 부채꼴의 호의 길이을 구하여라.

좌표평면에서 양의 x축인 반직선 $\overrightarrow{OX}$가 시초선이고 임의의 각 θ를 나타내는 동경 $\overrightarrow{OP}$에 있는 점을 $P(x,y)$라 두면 OP의 길이는 $|OP|=r=\sqrt{x^2+y^2}$이다. 동경 $\overrightarrow{OP}$에 있는 다른 한 점을 $P'(x',y')$라고 두면 OP'의 길이는 $|OP'|=r'=\sqrt{(x')^2+(y')^2}$이다.

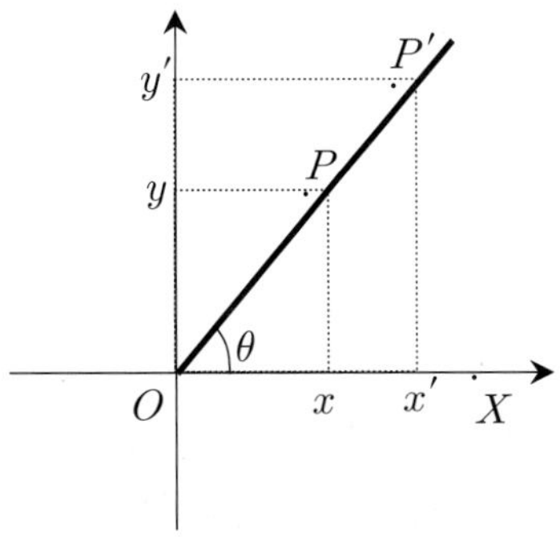

위의 그림에서 직각삼각형의 닮음에 의해서 동경에 있는 점 P의 위치가 달라져도 P에 의해 만들어지는 직각삼각형의 두 선분의 길이의 비는 일정하다. 즉, 점 P와 P'에 대하여

$$x : r = x' : r',\ \ y : r = y' : r',\ \ y : x = y' : x'$$

이다. 임의의 각 θ에 대하여, θ를 나타내는 동경 $\overrightarrow{OP}$에 있는 점 P에 의해 만들어지는 길이의 비를 함숫값으로 정의하는 삼각함수들의 정의를 소개하면 다음과 같다.

정의 1.4.1 [삼각함수]

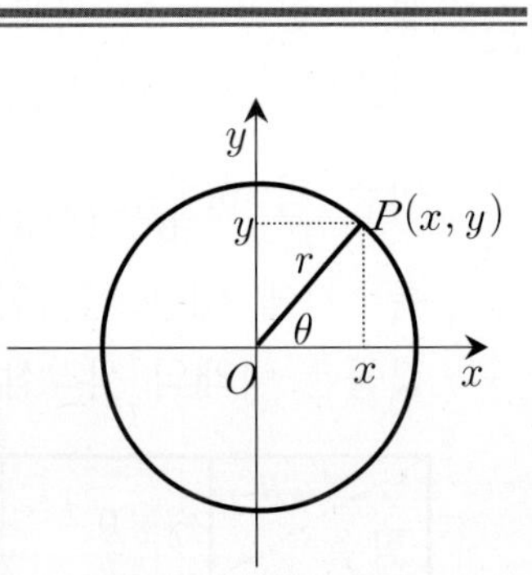

중심이 원점 O이고 반지름이 r인 원에서 원주 위의 한 점을 $P(x,y)$라고 하고 동경 $\overrightarrow{OP}$가 x축의 양의 방향과 이루는 각을 θ라고 하자. 임의의 각 θ에 대하여, **코사인함수(cosine function)** $\cos\theta$, **사인함수(sine function)** $\sin\theta$, **탄젠트함수(tangent function)** $\tan\theta$, **시컨트함수(secant function)** $\sec\theta$, **코시컨트함수(cosecant function)** $\csc\theta$, **코탄젠트함수(cotangent function)** $\cot\theta$를 다음과 같이 정의한다. 이 함수들을 **삼각함수(trigonometic function)**라고 한다.

$$\cos\theta = \frac{x}{r},\quad \sin\theta = \frac{y}{r},\quad \tan\theta = \frac{y}{x}$$

$$\sec\theta = \frac{r}{x},\quad \csc\theta = \frac{r}{y},\quad \cot\theta = \frac{x}{y}$$

주의: 삼각함수의 정의에 의해서 삼각함수 사이에 다음과 같은 관계가 있다.

$$\tan\theta = \frac{\sin\theta}{\cos\theta},\ \sec\theta = \frac{1}{\cos\theta},\ \csc\theta = \frac{1}{\sin\theta},\ \cot\theta = \frac{\cos\theta}{\sin\theta}$$

주의: 삼각함수의 함숫값의 부호는 양의 x축이 시초선이고 각 θ를 나타내는 동경 $\overrightarrow{OP}$가 있는 사분면에 따라 다음과 같다.

	$\cos\theta$	$\sin\theta$	$\tan\theta$	$\sec\theta$	$\csc\theta$	$\cot\theta$
제1사분면	+	+	+	+	+	+
제2사분면	−	+	−	−	+	−
제3사분면	−	−	+	−	−	+
제4사분면	+	−	−	+	−	−

주의: 고전 기하학에서 자와 컴퍼스 만으로 작도할 수 있는 도형에 대한 관찰이 있었고 이 작도에서 선분의 수직이등분선의 작도를 통해서 직각이 작도되고, 직각은 삼등분이 작도되며 모든 각은 이등분이 작도 가능하다. 이런 각 $0, \frac{\pi}{6}, \frac{\pi}{4}, \frac{\pi}{3}, \frac{\pi}{2}, \frac{2\pi}{3}, \cdots, 2\pi$을 특수각이라고 하고 제1사분면의 특수각에 대한 삼각함수 $\cos\theta$, $\sin\theta$, $\tan\theta$의 함숫값은 다음과 같고 그 값들은 아래의 직각삼각형의 선분의 길이의 비로 얻을 수 있다.

함수 \ θ	0	$\frac{\pi}{6}$	$\frac{\pi}{4}$	$\frac{\pi}{3}$	$\frac{\pi}{2}$
$\cos\theta$	1	$\frac{\sqrt{3}}{2}$	$\frac{1}{\sqrt{2}}$	$\frac{1}{2}$	0
$\sin\theta$	0	$\frac{1}{2}$	$\frac{1}{\sqrt{2}}$	$\frac{\sqrt{3}}{2}$	1
$\tan\theta$	0	$\frac{1}{\sqrt{3}}$	1	$\sqrt{3}$	없다

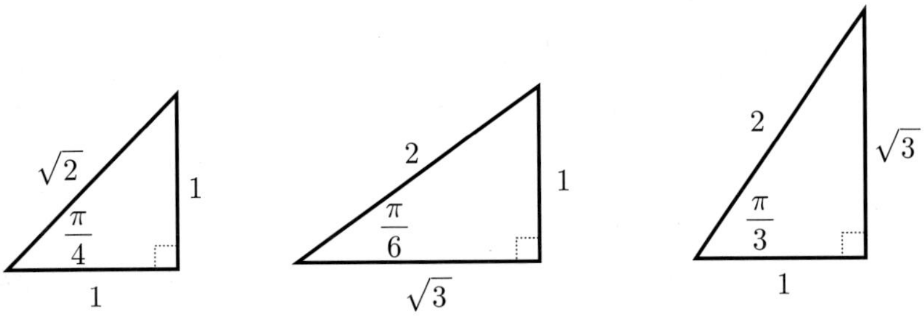

정리 1.4.2 [삼각함수의 기본 항등식]

삼각함수는 다음의 항등식이 성립한다.

$$\sin^2\theta + \cos^2\theta = 1$$

$$\tan^2\theta + 1 = \sec^2\theta$$

$$1 + \cot^2\theta = \csc^2\theta$$

증명 삼각함수의 정의에서 $\sin\theta = \dfrac{y}{r}$, $\cos\theta = \dfrac{x}{r}$ 이고 $r = \sqrt{x^2 + y^2}$ 이므로

$$\sin^2\theta + \cos^2\theta = \frac{x^2}{r^2} + \frac{y^2}{r^2} = \frac{x^2 + y^2}{r^2} = 1$$

이다. $\sin^2\theta + \cos^2\theta = 1$의 양 변에 $\cos^2\theta$와 $\sin^2\theta$으로 나누면

$$\frac{\sin^2\theta}{\cos^2\theta} + \frac{\cos^2\theta}{\cos^2\theta} = \frac{1}{\cos^2\theta}$$

$$\frac{\sin^2\theta}{\sin^2\theta} + \frac{\cos^2\theta}{\sin^2\theta} = \frac{1}{\sin^2\theta}$$

이고 이를 정리하면 하면 각각 다음과 같다.

$$\tan^2\theta + 1 = \sec^2\theta$$

$$1 + \cot^2\theta = \csc^2\theta$$

∎

예제 1.4.5 $\pi < \theta < \frac{3}{2}\pi$이고 $\sin\theta = -\frac{3}{4}$일 때, $\cos\theta$와 $\tan\theta$의 값을 각각 구하여라.

풀이 $\cos^2\theta = 1 - \sin^2\theta = 1 - \left(-\frac{3}{4}\right)^2 = 1 - \frac{9}{16} = \frac{7}{16} \Rightarrow \cos\theta = \pm\frac{\sqrt{7}}{4}$

$\pi < \theta < \frac{3}{2}\pi$이므로 $\cos\theta = -\frac{\sqrt{7}}{4}$이고

$$\tan\theta = \frac{\sin\theta}{\cos\theta} = \frac{-\frac{3}{4}}{-\frac{\sqrt{7}}{4}} = \frac{3}{\sqrt{7}}$$ ∎

유제 1.4.5 $\pi < \theta < \frac{3}{2}\pi$에서 $\tan\theta = 2\sqrt{2}$일 때, $\cos\theta$의 값을 구하여라.

예제 1.4.6 $\cos\theta + \sin\theta = \sqrt{2}$일 때, $\cos\theta\sin\theta$와 $\tan\theta + \cot\theta$의 값을 구하여라.

풀이 $\sin^2\theta + \cos^2\theta = 1$이므로 $\cos\theta + \sin\theta = \sqrt{2}$의 양 변을 제곱하면

$$\cos^2\theta + 2\cos\theta\sin\theta + \sin^2\theta = 2$$

이다. 따라서 정리하면 $\cos\theta\sin\theta = \frac{1}{2}$이다.

$\tan\theta + \cot\theta$는 삼각함수의 관계식에 따라 정리하면 다음과 같다.

$$\tan\theta + \cot\theta = \frac{\sin\theta}{\cos\theta} + \frac{\cos\theta}{\sin\theta} = \frac{\sin^2\theta + \cos^2\theta}{\cos\theta\sin\theta} = \frac{1}{\cos\theta\sin\theta} = 2$$ ∎

유제 1.4.6 θ는 3사분면의 각이고 $\sin\theta\cos\theta = \frac{1}{4}$일 때, $\sin\theta + \cos\theta$의 값을 구하여라.

정리 1.4.3 [삼각함수의 일반 항등식]

임의의 각 θ와 정수 n에 대하여, 다음이 성립한다.

(1) $\cos(\theta+2n\pi)=\cos\theta$, $\sin(\theta+2n\pi)=\sin\theta$, $\tan(\theta+2n\pi)=\tan\theta$

(2) $\cos(-\theta)=\cos\theta$, $\sin(-\theta)=-\sin\theta$, $\tan(-\theta)=-\tan\theta$

정리 1.4.4 [삼각함수의 일반 항등식]

임의의 각 θ와 정수 n에 대하여, 다음이 성립한다.

(3) $\cos\left(\theta+\dfrac{\pi}{2}\right)=-\sin\theta$, $\sin\left(\theta+\dfrac{\pi}{2}\right)=\cos\theta$, $\tan\left(\theta+\dfrac{\pi}{2}\right)=-\cot\theta$

(4) $\cos(\theta+\pi)=-\cos\theta$, $\sin(\theta+\pi)=-\sin\theta$, $\tan(\theta+\pi)=\tan\theta$

(5) $\cos\left(\dfrac{\pi}{2}-\theta\right)=\sin\theta$, $\sin\left(\dfrac{\pi}{2}-\theta\right)=\cos\theta$, $\tan\left(\dfrac{\pi}{2}-\theta\right)=\cot\theta$

증명 중심이 원점 O이고 반지름이 r인 원에서 각 θ를 나타내는 원주 위의 점을 $P_1(x,y)$라고 하고 그림과 같이 각 $-\theta$, $\theta+\dfrac{\pi}{2}$, $\theta+\pi$, $\dfrac{\pi}{2}-\theta$을 나타내는 원주 위의 점을 각각 $P_2(x,-y)$, $P_3(-y,x)$, $P_4(-x,-y)$, $P_5(y,x)$로 표현할 수 있다.

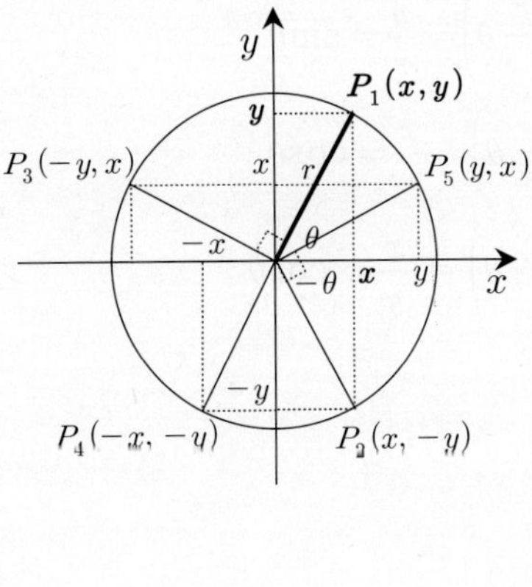

(1) 각 θ의 일반각이 $\theta+2n\pi$로 나타나므로 모든 삼각함수의 θ에서의 함숫값과 $\theta+2n\pi$에서의 함숫값은 같다.

(2) 각 $-\theta$을 나타내는 원주 위의 점은 $P_2(x, -y)$로 나타나므로

$$\cos(-\theta)=\frac{x}{r}=\cos\theta$$

$$\sin(-\theta)=\frac{-y}{r}=-\frac{y}{r}=-\sin\theta$$

$$\tan(-\theta)=\frac{-y}{x}=-\frac{y}{x}=-\tan\theta$$

(3) 각 $\theta+\frac{\pi}{2}$을 나타내는 원주 위의 점은 $P_3(-y, x)$로 나타나므로

$$\cos\left(\theta+\frac{\pi}{2}\right)=\frac{-y}{r}=-\frac{y}{r}=-\sin\theta$$

$$\sin\left(\theta+\frac{\pi}{2}\right)=\frac{x}{r}=\cos\theta$$

$$\tan\left(\theta+\frac{\pi}{2}\right)=\frac{x}{-y}=-\frac{x}{y}=-\cot\theta$$

(4) 각 $\theta+\pi$을 나타내는 원주 위의 점은 $P_4(-x, -y)$로 나타나므로

$$\cos(\theta+\pi)=\frac{-x}{r}=-\frac{x}{r}=-\cos\theta$$

$$\sin(\theta+\pi)=\frac{-y}{r}=-\frac{y}{r}=-\sin\theta$$

$$\tan(\theta+\pi)=\frac{-y}{-x}=\frac{y}{x}=\tan\theta$$

(5) 각 $\frac{\pi}{2}-\theta$을 나타내는 원주 위의 점은 $P_5(y, x)$로 나타나므로

$$\cos\left(\frac{\pi}{2}-\theta\right)=\frac{y}{r}=\sin\theta$$

$$\sin\left(\frac{\pi}{2}-\theta\right)=\frac{x}{r}=\cos\theta$$

$$\tan\left(\frac{\pi}{2}-\theta\right)=\frac{x}{y}=\cot\theta$$

∎

주의: 정리 1.25의 (1)에서 코사인함수와 사인함수는 주기가 2π인 주기함수이고, (4)에서 탄젠트함수는 주기가 π인 주기함수임을 알 수 있다. 또한 시컨트함수와 코시컨트함수도 주기가 2π인 주기함수이고, 코탄젠트함수도 주기가 π인 주기함수이다.

주의: 정리 1.25의 (2)에서 코사인함수는 우함수이므로 그래프가 y축에 대칭이고, 사인함수와 탄젠트함수는 기함수이므로 그래프가 원점에 대칭이다. 또한 시컨트함수도 우함수이므로 그래프가 y축에 대칭이고, 코시컨트함수와 코탄젠트함수도 기함수이므로 그래프가 원점에 대칭이다.

예제 1.4.7 $\sin\left(-\frac{\pi}{3}\right)$, $\cos\left(\frac{4\pi}{3}\right)$와 $\tan\left(\frac{2\pi}{3}\right)$을 구하여라.

풀이

$$\sin\left(-\frac{\pi}{3}\right)=-\sin\left(\frac{\pi}{3}\right)=-\frac{\sqrt{3}}{2}$$

$$\cos\left(\frac{4\pi}{3}\right)=\cos\left(\frac{\pi}{3}+\pi\right)=-\cos\left(\frac{\pi}{3}\right)=-\frac{1}{2}$$

$$\tan\left(\frac{2\pi}{3}\right)=\tan\left(\frac{\pi}{6}+\frac{\pi}{2}\right)=-\cot\left(\frac{\pi}{6}\right)=-\sqrt{3}$$

■

유제 1.4.7 $\tan\left(-\frac{\pi}{3}\right)$, $\sin\left(\frac{5\pi}{3}\right)$와 $\sec\left(\frac{2\pi}{3}\right)$을 구하여라.

예제 1.4.8 $\sin\left(\theta+\frac{\pi}{2}\right)+\cos(\theta+\pi)+\cos\left(\frac{3}{2}\pi-\theta\right)-\sin(-\theta)$을 간단히 하여라.

풀이

$$\begin{aligned}\sin\left(\theta+\frac{\pi}{2}\right)+\cos(\theta+\pi)+\cos\left(\frac{3}{2}\pi-\theta\right)-\sin(-\theta)\\ =\cos\theta-\cos\theta-\cos\left(\frac{\pi}{2}-\theta\right)+\sin\theta\\ =\cos\theta-\cos\theta-\sin\theta+\sin\theta=0\end{aligned}$$

■

유제 1.4.8 $\sin\left(\frac{3}{2}\pi+\theta\right)\cos(\theta+2\pi)+\sin(\pi-\theta)\cos\left(\frac{\pi}{2}+\theta\right)$을 간단히 하여라.

정리 1.25의 삼각함수의 항등식을 이용하여 정의 1.23을 따라 삼각함수의 정의역과 치역을 포함한 성질들을 찾고 그래프를 그리면 다음과 같다.

[코사인함수 $y=\cos x$의 성질과 그래프]

코사인함수 $y=\cos x$의 성질을 조사하고 그래프를 그리면 다음과 같다.

(1) 정의역: 실수의 집합, 치역: $\{y|-1\le y\le 1\}$

(2) x절편: $\frac{\pi}{2}+n\pi$ (n은 정수), y절편: 1

(3) 대칭성: 우함수이므로 y축에 대칭, 주기가 2π인 주기함수

(4) 최댓값: 1 ($x=2n\pi$, n은 정수),

최솟값: -1 ($x=(2n+1)\pi$, n은 정수)

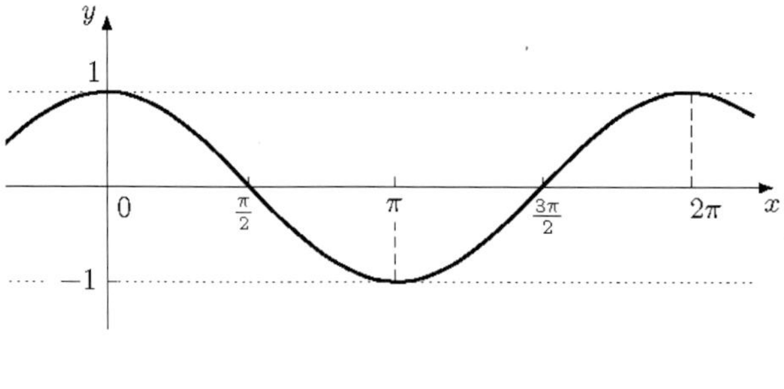

예제 1.4.9 함수 $f(x)=2\cos x$의 최댓값과 최솟값을 구하고, 그 그래프를 그려라.

풀이 $-1\le \cos x\le 1$이므로 $-2\le 2\cos x\le 2$이다.

따라서 $y=2\cos x$의 최솟값은 -2이고 최댓값은 2이다. 임의의 x에 대하여 $y=2\cos x$의 함숫값 $y=\cos x$의 함숫값의 2배이므로 $y=2\cos x$의 그래프는 $y=\cos x$의 그래프가 y축 방향으로 2배 확장된 그래프이므로 다음과 같다.

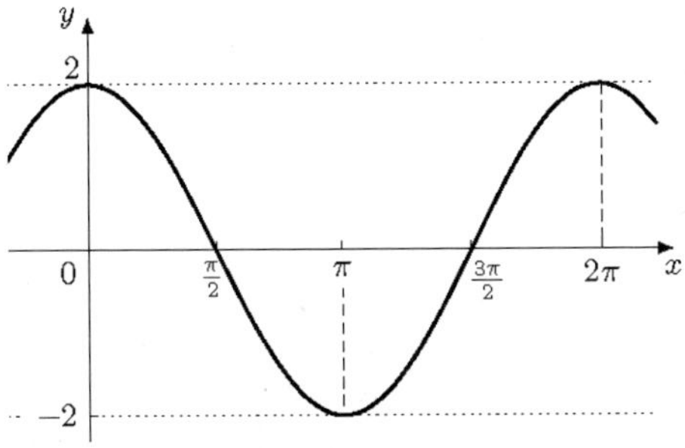

■

유제 1.4.9 함수 $f(x) = -3\cos(3\pi - x)$의 최댓값과 최솟값을 구하고, 그 그래프를 그려라.

[사인함수 $y = \sin x$의 성질과 그래프]

사인함수 $y = \sin x$의 성질을 조사하고 그래프를 그리면 다음과 같다.

(1) 정의역: 실수의 집합, 치역: $\{y \mid -1 \le y \le 1\}$

(2) x절편: $n\pi$ (n은 정수), y절편: 0

(3) 대칭성: 기함수이므로 원점에 대칭, 주기가 2π인 주기함수

(4) 최댓값: 1 $\left(x = \frac{\pi}{2} + 2n\pi,\ n\text{은 정수}\right)$,

최솟값: -1 $\left(x = \frac{3\pi}{2} + 2n\pi,\ n\text{은 정수}\right)$

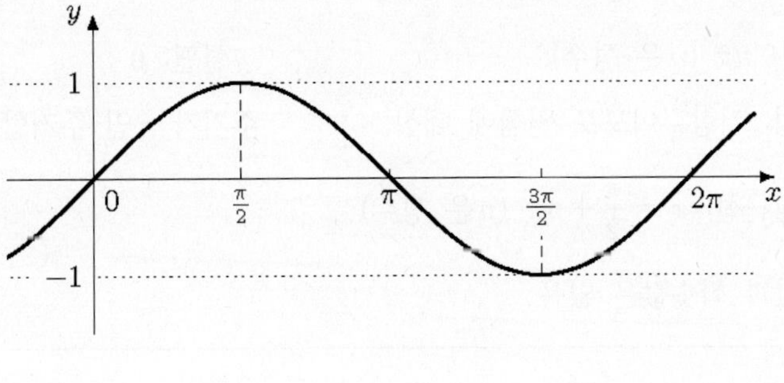

예제 1.4.10 함수 $f(x) = \sin x + 2$의 최댓값과 최솟값을 구하고, 그 그래프를 그려라.

*** **풀이** $-1 \le \sin x \le 1$이므로 $1 \le \sin x + 2 \le 3$이다.

따라서 $y = \sin x + 2$의 최솟값은 1이고 최댓값은 3이다.

$y = \sin x + 2$의 그래프는 $y = \sin x + 2$의 그래프를 y축 방향으로 2만큼 평행이동한 그래프이므로 다음과 같다.

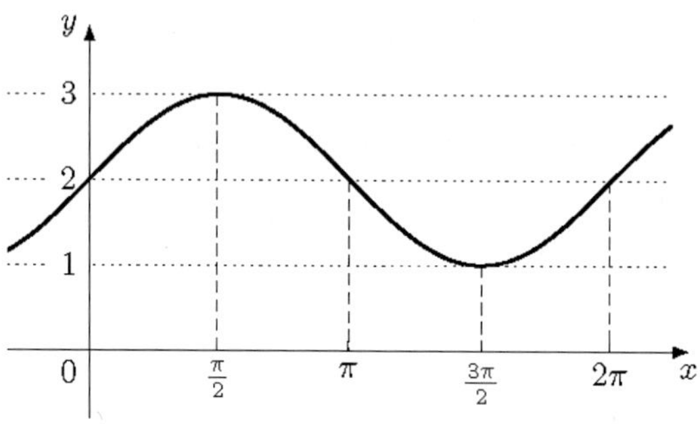

■

유제 1.4.10 함수 $f(x) = 3\cos\left(\frac{\pi}{2} - x\right) + 1$의 최댓값과 최솟값을 구하고, 그 그래프를 그려라.

[탄젠트함수 $y = \tan x$의 성질과 그래프]

코사인함수 $y = \tan x$의 성질을 조사하고 그래프를 그리면 다음과 같다.

(1) 정의역: $\left\{x \mid x \ne \frac{\pi}{2} + n\pi, n\text{은 정수}\right\}$, 치역: 실수의 집합

(2) x절편: $n\pi$ (n은 정수), y절편: 0

(3) 대칭성: 기함수이므로 원점에 대칭, 주기가 π인 주기함수

(4) 수직점근선: $x = \frac{\pi}{2} + n\pi$ (n은 정수)

(5) 최댓값과 최솟값은 없음

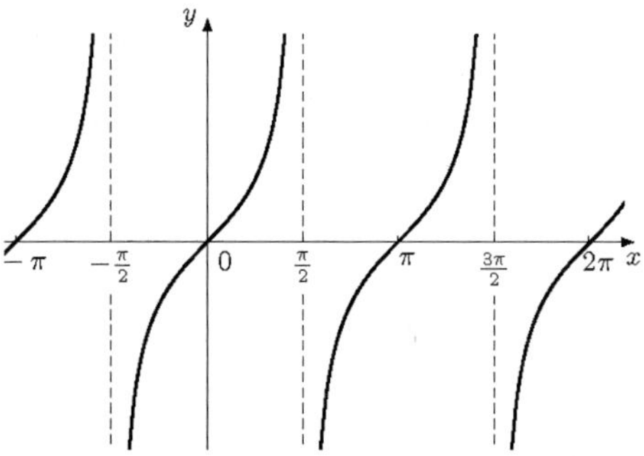

예제 1.4.11 함수 $f(x) = 2\tan x + 1$의 수직점근선을 구하고, 그 그래프를 그려라.

풀이 $y = 2\tan x + 1$의 그래프는 $y = \tan x$의 그래프가 y축 방향으로 2배로 확장한 후 y축으로 1만큼 평행 이동된 그래프이므로 수직점근선이 $y = \tan x$의 그래프와 같다. 그러므로 수직점근선은 $x = \frac{\pi}{2} + n\pi$ (n은 정수)이므로 그 그래프는 다음과 같다.

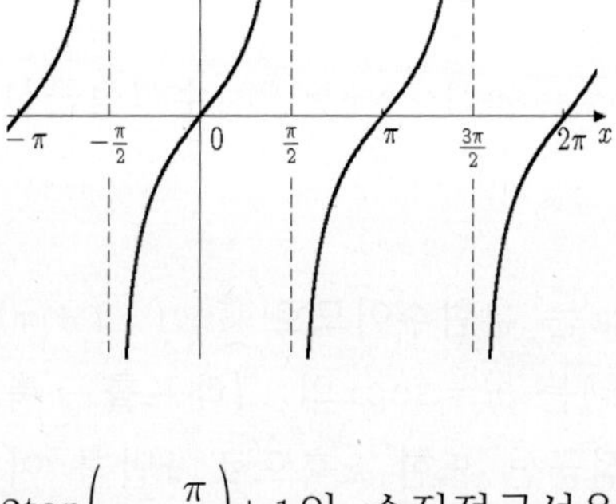

∎

유제 1.4.11 함수 $f(x) = 2\tan\left(x - \frac{\pi}{2}\right) + 1$의 수직점근선을 구하고, 그 그래프를 그려라.

[시컨트함수 $y=\sec x$의 성질과 그래프]

시컨트함수 $y=\sec x$의 성질을 조사하고 그래프를 그리면 다음과 같다.

(1) 정의역: $\left\{x \mid x \neq \dfrac{\pi}{2}+n\pi, n\text{은 정수}\right\}$, 치역: $\{y \mid y \leq -1, y \geq 1\}$

(2) x절편: 없음, y절편: 1

(3) 대칭성: 우함수이므로 y축에 대칭, 주기가 2π인 주기함수

(4) 수직점근선: $x=\dfrac{\pi}{2}+n\pi$ (n은 정수)

(5) 최댓값과 최솟값은 없음

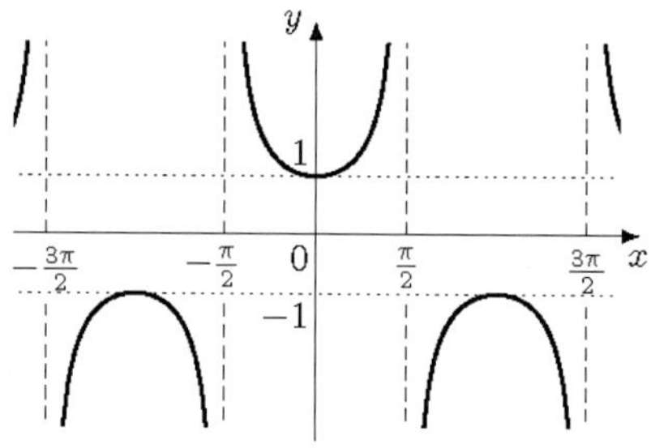

예제 1.4.12 함수 $f(x)=\sec(-x+\pi)$의 수직점근선을 구하고, 그래프를 그려라.

풀이 함수 $y=\sec x$는 우함수이므로 $\sec(-x+\pi)=\sec(x-\pi)$이다.

$y=\sec(x-\pi)$는 $y=\sec x$의 그래프를 x축으로 π만큼 이동한 그래프이므로 수직점근선 또한 x축으로 π만큼 이동한다. $y=\sec x$의 수직점근선이 $x=\dfrac{\pi}{2}+n\pi$ (n은 정수)이므로 $y=\sec\left(x-\dfrac{\pi}{2}\right)$의 수직점근선은

$x=\dfrac{\pi}{2}+n\pi+\pi$ (n은 정수)이다. $n+1$ 또한 정수이므로 수직점근선은

$y=\sec x$와 동일하다. $y=\sec(-x+\pi)$는 $y=\sec x$의 그래프를 x축으로 π만큼 이동한 그래프이다.

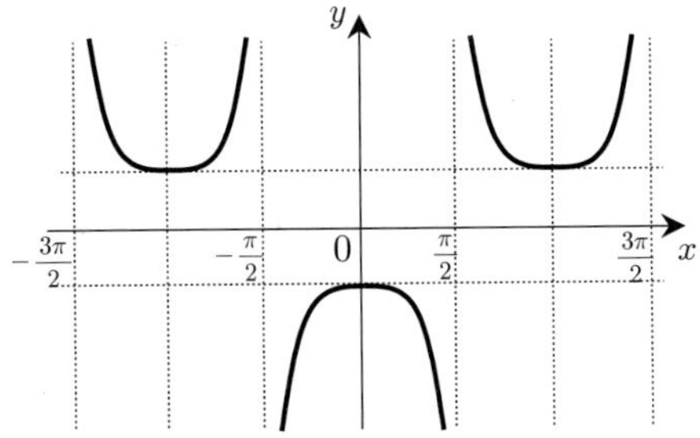

유제 1.4.12 함수 $f(x) = \sec(-x + \frac{\pi}{2}) - 1$의 그래프를 그려라.

[코시컨트함수 $y = \csc x$의 성질과 그래프]

코사인함수 $y = \csc x$의 성질을 조사하고 그래프를 그리면 다음과 같다.

(1) 정의역: $\{x \mid x \neq n\pi, n$은 정수$\}$, 치역: $\{y \mid y \leq -1, y \geq 1\}$

(2) x절편: 없음, y절편: 없음

(3) 대칭성: 기함수이므로 원점에 대칭, 주기가 2π인 주기함수

(4) 수직점근선: $x = n\pi$ (n은 정수)

(5) 최댓값과 최솟값은 없음

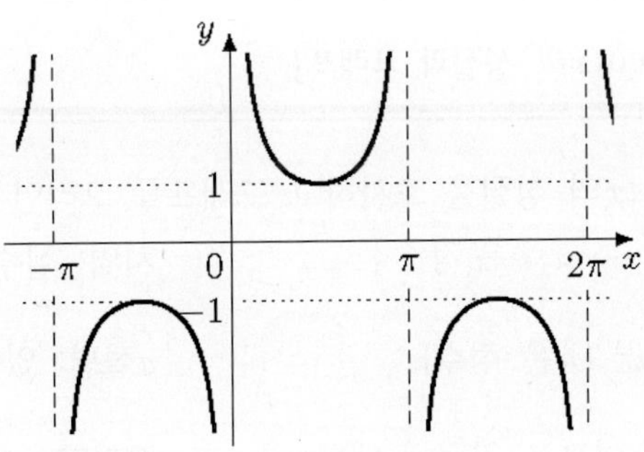

예제 1.4.13 함수 $f(x)=\csc(x+\frac{\pi}{2})$의 수직점근선을 구하고, 그래프를 그려라.

풀이 함수 $y=\csc(x+\frac{\pi}{2})$는 $y=\csc x$는의 그래프를 x축으로 $-\frac{\pi}{2}$만큼 이동한 그래프이므로 수직점근선 또한 x축으로 $-\frac{\pi}{2}$만큼 이동한다. $y=\csc x$의 수직점근선이 $x=n\pi$ (n은 정수) 이므로 $y=\csc x$의 수직점근선은 $x=n\pi-\frac{\pi}{2}$ (n은 정수)이다. 그러므로 $y=\sec x$의 그래프는 다음과 같다.

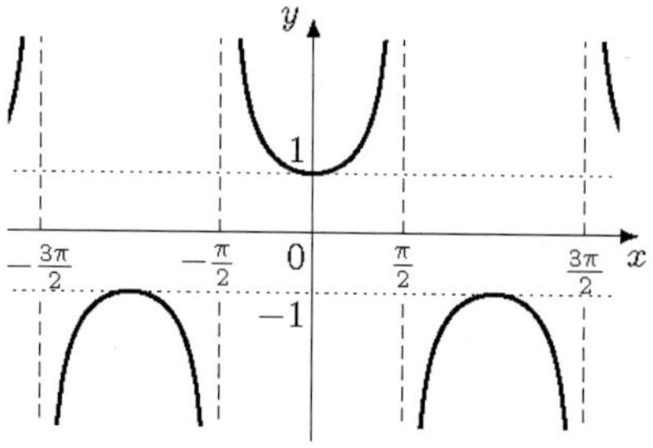

■

유제 1.4.13 함수 $y=3\csc\left(x-\frac{\pi}{4}\right)$의 그래프를 그려라.

[코탄젠트함수 $y=\cot x$의 성질과 그래프]

코사인함수 $y=\cot x$의 성질을 조사하고 그래프를 그리면 다음과 같다.

(1) 정의역: $\{x \mid x \neq n\pi, n$은 정수$\}$, 치역: 실수의 집합

(2) x절편: $\frac{\pi}{2}+n\pi$ (n은 정수), y절편: 없음

(3) 대칭성: 기함수이므로 원점에 대칭, 주기가 π인 주기함수

(4) 수직점근선: $x=n\pi$ (n은 정수)

(5) 최댓값과 최솟값은 없음

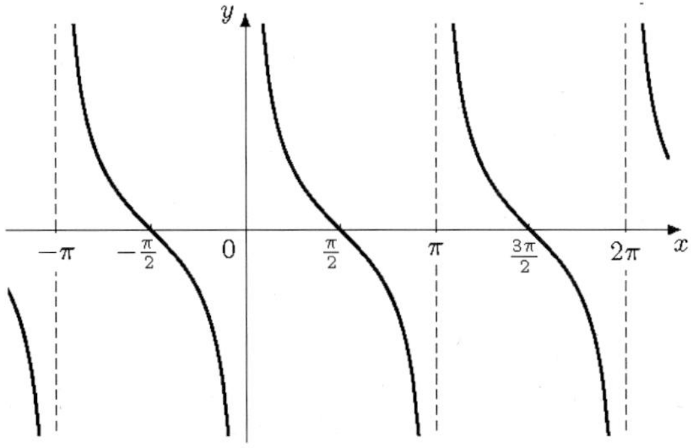

예제 1.4.14 함수 $f(x)=2\cot(x-\pi)-2$의 수직점근선을 구하고, 그래프를 설명하라.

풀이 $y=\cot(x-\pi)$의 그래프는 $y=\cot x$의 그래프를 x축으로 π만큼 이동한 그래프이고 $y=2\cot(x-\pi)-2$는 $y=\cot(x-\pi)$의 그래프를 2배로 늘이고 y축의 방향으로 -2만큼 평행이동한 그래프이므로 수직점근선은 $y=\cot(x-\pi)$와 동일하다. ∎

유제 1.4.14 함수 $f(x)=3\cot(x-2\pi)-\sqrt{3}$의 x절편을 구하여라.

함수 $f(x)=\cos x$의 주기가 2π이므로 $\cos(x+2\pi)=\cos x$이다. $a>0$일 때, $g(x)=\cos ax$의 주기에 대해서 알아보자. $\cos a\left(x+\dfrac{2\pi}{a}\right)=\cos(ax+2\pi)=\cos ax$이고 $f(x)=\cos x$의 주기가 2π이므로 이 조건의 만족하는 최소가 $\dfrac{2\pi}{a}$이다. 따라서 주기함수의 정의에 의해서 $g(x)=\cos ax$의 주기는 $\dfrac{2\pi}{a}$이다. 즉, $0\le x\le\dfrac{2\pi}{a}$에서 $y=\cos ax$의 그래프는 $0\le x\le 2\pi$에서 $y=\cos x$의 그래프와 같은 형태의 그래프가 그려지고 이 그래프가 x축 방향으로 $\dfrac{2\pi}{a}$만큼 평행이동하며 반복적으로 그려진다.

정리 1.4.5

$a > 0$일 때,

함수 $y = \cos ax$와 $y = \sin ax$의 주기는 $\dfrac{2\pi}{a}$이고 $y = \tan ax$의 주기는 $\dfrac{\pi}{a}$이다.

주의: 마찬가지로 함수 $y = \cos(-ax)$와 $y = \sin(-ax)$의 주기도 $\dfrac{2\pi}{a}$이고 $y = \tan(-ax)$의 주기도 $\dfrac{\pi}{a}$이다.

예제 1.4.15 $f(x) = \sin\dfrac{x}{2}$와 $g(x) = \tan 3x + 1$의 주기를 구하여라.

풀이 $f(x) = \sin\dfrac{x}{2}$의 주기는 4π이고 $h(x) = \tan 3x$의 주기는 $\dfrac{\pi}{3}$이다.

$y = \tan 3x$의 그래프를 y축 방향으로 1만큼 평행이동하면
$y = \tan 3x + 1$의 그래프이므로 주기는 같다.

따라서 $g(x) = \tan 3x + 1$의 주기는 $\dfrac{\pi}{3}$이다. ∎

유제 1.4.15 $f(x) = -2\cos(3x - \pi) + 3$의 주기를 구하여라.

예제 1.4.16 $y = \sin 2x$의 그래프를 그려라.

풀이 $y = \sin 2x$의 주기는 π이다.

$0 \le x \le 2\pi$에서 $y = \sin x$의 그래프가 $0 \le x \le \pi$에서 $y = \sin 2x$의 그래프로 그려지고 이 그래프를 x축 방향으로 π만큼 평행이동하며 반복적으로 그려진다.

따라서 그래프는 다음과 같다.

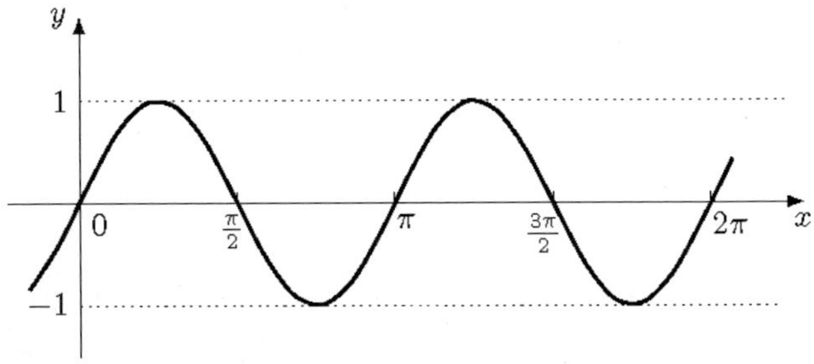

∎

유제 1.4.16 $y = 3\sin(2x - 2\pi) + 1$의 최댓값과 최솟값, 주기를 구하고, 그래프의 개형을 그려라.

✲ 연습문제 1.4 ✲

01.. 반지름의 길이가 4이고 중심각이 $\frac{\pi}{4}$인 부채꼴의 호의 길이와 부채꼴의 넓이를 구하여라.

02.. $0 < \theta < 2\pi$인 θ가 1사분면, 2사분면, 3사분면, 4사분면의 각일 때, $\frac{\theta}{2}$와 2θ는 각각 몇사분면의 각인지에 대한 다음 표를 완성하여라. (θ가 1사분면의 각이면 $0 < \theta < \frac{\pi}{2}$, 2사분면의 각이면 $\frac{\pi}{2} < \theta < \pi$, 3사분면의 각이면 $\pi < \theta < \frac{3\pi}{2}$, 4사분면의 각이면 $\frac{3\pi}{2} < \theta < 2\pi$)

θ	1사분면	2사분면	3사분면	4사분면
$\frac{\theta}{2}$				2사분면
2θ		3사분면, 4사분면		

03.. $(\sin\theta + \cos\theta)^2 + (\sin\theta - \cos\theta)^2$을 간단히 하여라.

04.. $\sin\theta = \frac{1}{3}$일 때, $1 + \tan^2\theta$의 값을 구하여라.

05.. $\sin\theta + \cos\theta = \frac{1}{2}$일 때, $\tan\theta + \cot\theta$의 값을 구하여라.

06.. $y = f(x)$의 그래프는 $y = \sin x$의 그래프를 x축의 방향으로 $\frac{\pi}{2}$만큼 평행이동한 후 x축에 대하여 대칭이동한 그래프이다. $y = f(x)$를 구하여라.

07.. $y=2\sin 3x+1$의 최댓값과 최솟값 그리고 주기를 구하여라.

08.. $f(x)=\sin\left(x-\frac{\pi}{2}\right)+1$의 그래프를 그려라.

1.5 삼각함수의 법칙

삼각함수의 특수각에서 얻어질 수 있는 함숫값의 계산, 삼각함수를 포함하는 함수의 최댓값과 최솟값의 문제를 해결, 삼각함수의 방정식과 부등식의 해를 구하기 등에 사용되거나 나아가 삼각함수의 미분과 적분 문제에도 활용되는 삼각함수의 정리와 공식들을 소개한다.

정리 1.5.1 [사인법칙]

삼각형 $\triangle ABC$에 대하여, 그림과 같이 세 변의 길이가 a, b, c이고 그 대각의 크기를 각각 A, B, C라고 하면 다음의 관계가 성립한다. 여기서, R은 $\triangle ABC$의 외접원의 반지름이다.

$$\frac{a}{\sin A} = \frac{b}{\sin B} = \frac{c}{\sin C} = 2R$$

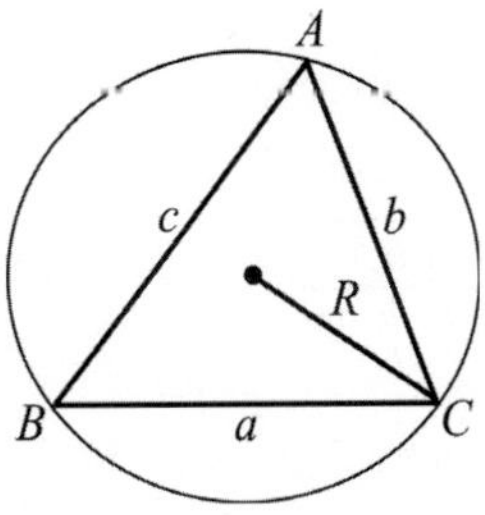

증명 먼저 $\frac{a}{\sin A} = 2R$임을 증명하자. 각 A의 크기에 따라 세 가지 경우로 나누어보자.

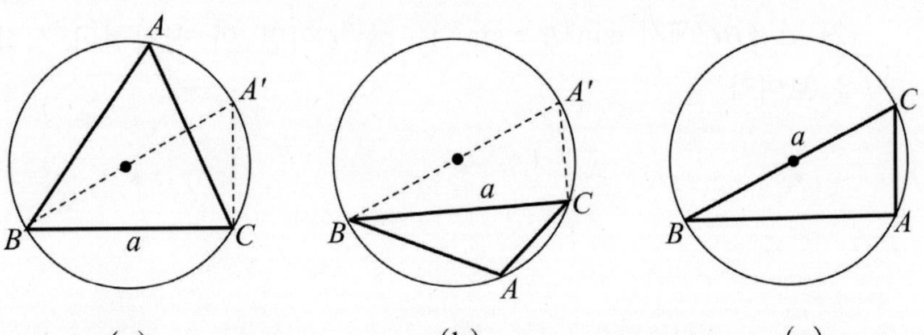

(a) (b) (c)

(1) $A < \frac{\pi}{2}$일 때, 그림 (a)에서 $A = A'$이다. 따라서 $\sin A = \sin A' = \frac{a}{2R}$

(2) $A > \frac{\pi}{2}$일 때, 그림 (b)에서 $A = \pi - A'$이므로

$$\sin A = \sin(\pi - A') = \sin A' = \frac{a}{2R}$$

(3) $A = \frac{\pi}{2}$일 때, 그림 (c)에서 $a = 2R$이고 $\sin A = \sin\frac{\pi}{2} = 1$이므로

$$\sin A = 1 = \frac{a}{2R}$$

따라서 $\frac{a}{\sin A} = 2R$이 성립한다. 따라서 다음이 성립함을 알 수 있다.

$$\frac{a}{\sin A} = \frac{b}{\sin B} = \frac{c}{\sin C} = 2R$$ ■

예제 1.5.1 $\triangle ABC$에서 $A = \frac{\pi}{6}$, $R = 20$일 때, a의 길이를 구하여라.

*** **풀이** $\frac{a}{\sin A} = 2R$이므로 $a = 2R\sin A = 40\sin\frac{\pi}{6} = 20$ 이다. ■

유제 1.5.1 (1) $\triangle ABC$에서 $a = 4$, $B = 75°$, $C = 45°$ 일 때, c의 길이를 구하여라.

(2) $\triangle ABC$에서 $\sin^2 B = \sin^2 A + \sin^2 C$이면 이 삼각형이 직각삼각형임을 보여라.

정리 1.5.2 [코사인법칙]

삼각형 $\triangle ABC$에 대하여, 그림과 같이 세 변의 길이가 a, b, c이고 그 대각의 크기를 각각 A, B, C라고 하면 다음의 관계가 성립한다.

[제1 코사인법칙]

$$a = b\cos C + c\cos B$$

$$b = c\cos A + a\cos C$$

$$c = a\cos B + b\cos A$$

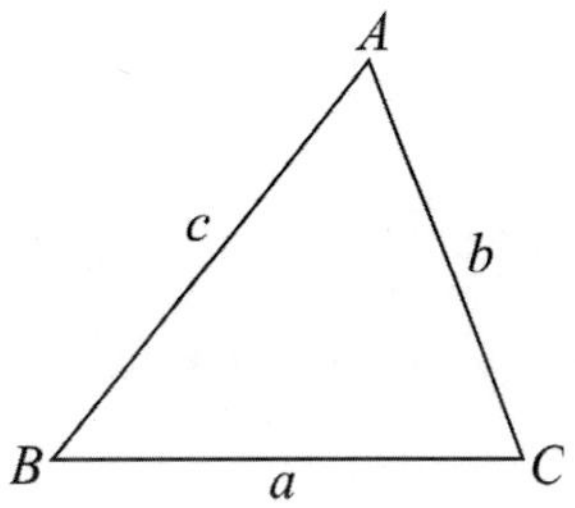

[제2 코사인법칙]

$$a^2 = b^2 + c^2 - 2bc\cos A$$

$$b^2 = a^2 + c^2 - 2ca\cos B$$

$$c^2 = a^2 + b^2 - 2ab\cos C$$

증명 내각이 모두 예각일 때,
그림으로부터 $a = b\cos C + c\cos B$임을 알 수 있다. 예각이 아닐 경우도 같은 방법으로 증명할 수 있다.

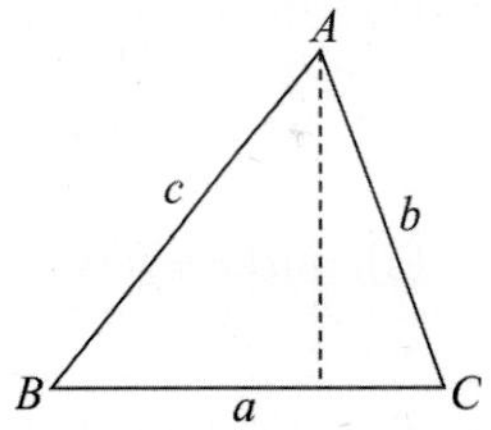

제1 코사인법칙의 양변에 각각 a, b, c를 곱하면

$$a^2 = ab\cos C + ac\cos B$$

$$b^2 = bc\cos A + ba\cos C$$

$$c^2 = ca\cos B + cb\cos A$$

마지막 두 식의 합에서 처음 식을 빼면

$$b^2 + c^2 - a^2 = 2bc\cos A$$

나머지도 같은 방법으로 증명할 수 있다. ∎

예제 1.5.2 $\triangle ABC$에서 $c=\frac{2}{3}\pi$, $a=8, b=10$일 때, c의 길이를 구하여라.

풀이 제2 코사인법칙에 의해서 다음이 성립한다.

$$c^2=a^2+b^2-2bc\cos C=64+100-160\cos\frac{2}{3}\pi=244$$

따라서 $c=2\sqrt{61}$이다. ∎

유제 1.5.2 (1) $\triangle ABC$에서 $a=3, b=7, c=5$일 때, A의 크기를 구하여라.

(2) $\triangle ABC$에서 $\sin B=2\cos A\sin C$라는 등식이 성립할 때, 이 삼각형은 어떤 삼각형인지 구하여라.

정리 1.5.3 [덧셈정리]

삼각함수는 다음 등식이 성립한다.

(1) $\sin(x+y)=\sin x\cos y+\cos x\sin y$, $\sin(x-y)=\sin x\cos y-\cos x\sin y$

(2) $\cos(x+y)=\cos x\cos y-\sin x\sin y$, $\cos(x-y)=\cos x\cos y+\sin x\sin y$

(3) $\tan(x+y)=\dfrac{\tan x+\tan y}{1-\tan x\tan y}$, $\tan(x-y)=\dfrac{\tan x-\tan y}{1+\tan x\tan y}$

증명 삼각함수의 덧셈정리들 중에서 $\sin(x+y)=\sin x\cos y+\cos x\sin y$의 증명을 $0<x, y, x+y<\frac{\pi}{2}$인 경우를 증명하면 나머지 경우도 같은 방법으로 설명할 수 있다.

중심이 O이고 반지름이 1인 원의 제1사분면에 그리면 다음 그림과 같다.

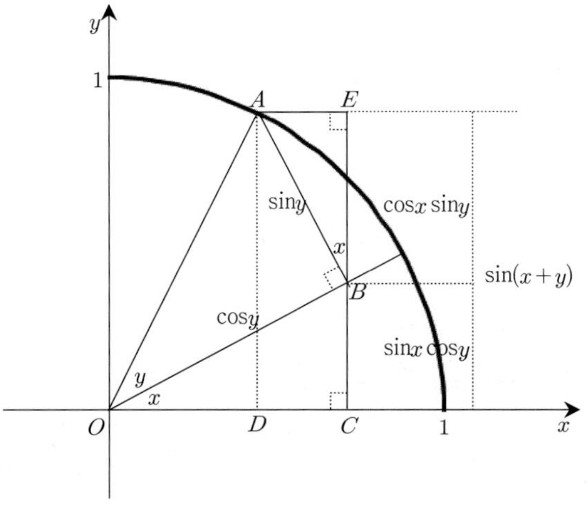

각 $\angle BOC = x$, $\angle AOB = y$라고 하면 각 $\angle AOC = x+y$이 되고 그림에 의하면 각 $\angle ABE = x$도 된다. 삼각형 $\triangle AOB$에서 $\angle AOB = y$이므로 선분 OA, OB, AB의 길이는 다음과 같다.

$$|OA| = 1,\ |OB| = \cos y,\ |AB| = \sin y$$

그리고 삼각형 $\triangle BOC$에서 $\angle BOC = x$이고 $|OB| = \cos y$이므로 선분 BC의 길이는 다음과 같다.

$$|BC| = \sin x \cos y$$

또한 삼각형 $\triangle ABE$에서 $\angle ABE = x$이고 $|AB| = \sin y$이므로 선분 BE의 길이는 다음과 같다.

$$|BE| = \cos x \sin y$$

반면 삼각형 $\triangle AOD$에서 $\angle AOD = x+y$이고 $|OA| = 1$이므로 선분 AD의 길이는 다음과 같다.

$$|AD| = \sin(x+y)$$

그러므로 $|AD| = |CE| = |BC| + |BE|$이므로 다음이 성립한다.

$$\sin(x+y) = \sin x \cos y + \cos x \sin y$$

한편, 위의 그림의 $\triangle AOD$에서 $|OD| = \cos(x+y)$, $\triangle BOC$에서 $|OC| = \cos x \cos y$이고 $\triangle ABE$에서 $|AE| = \sin x \sin y$이다.

$|AE| = |CD|$이고 $|OD| = |OC| - |CD|$이므로 다음이 성립한다.

$$\cos(x+y) = \cos x \cos y - \sin x \sin y$$

나머지 덧셈정리도 비슷한 방법으로 증명할 수 있다. 나머지 덧셈정리는 증명을 생략한다. ∎

예제 1.5.3 $\sin\frac{\pi}{12}$, $\sin\frac{5\pi}{12}$와 $\sin\frac{7\pi}{12}$의 값을 구하여라.

풀이 $\sin\frac{\pi}{6}=\frac{1}{2}$, $\sin\frac{\pi}{4}=\frac{\sqrt{2}}{2}$, $\sin\frac{\pi}{3}=\frac{\sqrt{3}}{2}$이고 $\cos\frac{\pi}{6}=\frac{\sqrt{3}}{2}$, $\cos\frac{\pi}{4}=\frac{\sqrt{2}}{2}$, $\cos\frac{\pi}{3}=\frac{1}{2}$이므로 삼각함수의 덧셈정리에 의해서 다음과 같이 계산된다.

$$\begin{aligned}\sin\frac{\pi}{12}&=\sin\left(\frac{\pi}{3}-\frac{\pi}{4}\right)\\&=\sin\frac{\pi}{3}\cos\frac{\pi}{4}-\cos\frac{\pi}{3}\sin\frac{\pi}{4}\\&=\frac{\sqrt{3}}{2}\cdot\frac{\sqrt{2}}{2}-\frac{1}{2}\cdot\frac{\sqrt{2}}{2}=\frac{\sqrt{6}-\sqrt{2}}{4}\end{aligned}$$

$$\begin{aligned}\sin\frac{5\pi}{12}&=\sin\left(\frac{\pi}{6}+\frac{\pi}{4}\right)\\&=\sin\frac{\pi}{6}\cos\frac{\pi}{4}+\cos\frac{\pi}{6}\sin\frac{\pi}{4}\\&=\frac{1}{2}\cdot\frac{\sqrt{2}}{2}+\frac{\sqrt{3}}{2}\cdot\frac{\sqrt{2}}{2}=\frac{\sqrt{2}+\sqrt{6}}{4}\end{aligned}$$

$$\begin{aligned}\sin\frac{7\pi}{12}&=\sin\left(\frac{\pi}{3}+\frac{\pi}{4}\right)\\&=\sin\frac{\pi}{3}\cos\frac{\pi}{4}+\cos\frac{\pi}{3}\sin\frac{\pi}{4}\\&=\frac{\sqrt{3}}{2}\cdot\frac{\sqrt{2}}{2}+\frac{1}{2}\cdot\frac{\sqrt{2}}{2}=\frac{\sqrt{6}+\sqrt{2}}{4}\end{aligned}$$

∎

유제 1.5.3 $\cos\frac{\pi}{12}$, $\cos\frac{5\pi}{12}$와 $\tan\frac{7\pi}{12}$의 값을 구하여라.

정리 1.5.4 [배각의 공식]

삼각함수는 다음 등식이 성립한다.

(1) $\sin 2x = 2\sin x \cos x$

(2) $\cos 2x = \cos^2 x - \sin^2 x = 2\cos^2 x - 1 = 1 - 2\sin^2 x$

(3) $\tan 2x = \dfrac{2\tan x}{1 - \tan^2 x}$

증명 삼각함수의 덧셈정리에서 $y = x$라고 두면 다음의 배각의 공식을 얻을 수 있다.

$$\sin 2x = 2\sin x \cos x,\ \cos 2x = \cos^2 x - \sin^2 x,\ \tan 2x = \frac{2\tan x}{1 - \tan^2 x}$$

$\cos 2x = \cos^2 x - \sin^2 x$에서 삼각함수의 항등식 $\sin^2 x + \cos^2 x = 1$을 사용하여 식을 변형하면 다음을 얻을 수 있다.

$$\cos 2x = 2\cos^2 x - 1 = 1 - 2\sin^2 x$$

∎

예제 1.5.4 $0 < x < \dfrac{\pi}{2}$에서 $\sin x = \dfrac{4}{5}$일 때, $\sin 2x, \cos 2x, \tan 2x$의 값을 구하여라.

풀이 $0 < x < \dfrac{\pi}{2}$에서 $\sin x = \dfrac{4}{5}$이므로 $\cos x = \sqrt{1 - \sin^2 x} = \sqrt{1 - \dfrac{16}{25}} = \dfrac{3}{5}$이고 $\tan x = \dfrac{4}{3}$이다. 따라서 다음과 같이 계산된다.

$$\sin 2x = 2\sin x \cos x = 2 \cdot \frac{4}{5} \cdot \frac{3}{5} = \frac{24}{25}$$

$$\cos 2x = \cos^2 x - \sin^2 x = \frac{9}{25} - \frac{16}{25} = -\frac{7}{25}$$

$$\tan 2x = \frac{2\tan x}{1-\tan^2 x} = \frac{2\cdot\frac{4}{3}}{1-\frac{16}{9}} = \frac{\frac{8}{3}}{-\frac{7}{9}} = -\frac{24}{7}$$ ∎

유제 1.5.4 $\frac{\pi}{2} < x < \pi$에서 $\sin x = \frac{4}{5}$일 때, $\sin 2x$, $\cos 2x$, $\tan 2x$의 값을 구하여라.

정리 1.5.5 [반각의 공식]

삼각함수는 다음 등식이 성립한다.

(1) $\sin^2 \frac{x}{2} = \frac{1-\cos x}{2}$

(2) $\cos^2 \frac{x}{2} = \frac{1+\cos x}{2}$

(3) $\tan^2 \frac{x}{2} = \frac{1-\cos x}{1+\cos x}$

증명 배각의 공식 $\cos 2x = 2\cos^2 x - 1$에서 $\cos^2 x = \frac{1+\cos 2x}{2}$을 얻을 수 있고 x를 $\frac{x}{2}$로 바꾸면 다음을 얻을 수 있다.

$$\cos^2 \frac{x}{2} = \frac{1+\cos x}{2}$$

같은 방법으로 $\cos 2x = 1 - 2\sin^2 x$에서 $\sin^2 x = \frac{1-\cos 2x}{2}$을 얻을 수 있고 x를 $\frac{x}{2}$로 바꾸면 다음을 얻을 수 있다.

$$\sin^2 \frac{x}{2} = \frac{1-\cos x}{2}$$

따라서 다음도 성립한다.

$$\tan^2\frac{x}{2} = \frac{\sin^2\frac{x}{2}}{\cos^2\frac{x}{2}} = \frac{1-\cos x}{1+\cos x}$$ ∎

예제 1.5.5 $\sin^4 x$을 일차의 삼각함수들의 합으로 표현하여라.

풀이 $\sin^2\frac{x}{2} = \frac{1-\cos x}{2}$이므로 $\sin^2 x = \frac{1-\cos 2x}{2}$이다. 따라서

$$\sin^4 x = \left(\frac{1-\cos 2x}{2}\right)^2 = \frac{1-2\cos 2x+\cos^2 2x}{4}$$

$$= \frac{1}{4} - \frac{1}{2}\cos 2x + \frac{1}{4}\cos^2 2x$$

$\cos^2\frac{x}{2} = \frac{1+\cos x}{2}$이므로 $\cos^2 2x = \frac{1+\cos 4x}{2}$이다. 따라서

$$\sin^4 x = \frac{1}{4} - \frac{1}{2}\cos 2x + \frac{1}{4}\left(\frac{1+\cos 4x}{2}\right)$$

$$= \frac{3}{8} - \frac{1}{2}\cos 2x + \frac{1}{8}\cos 4x$$ ∎

유제 1.5.5 $\sin x = \frac{3}{5}$일 때, $\tan\frac{x}{2}$의 값을 구하여라. (단, $\frac{\pi}{2} < x < \pi$)

주의: [곱을 합과 차로 바꾸는 공식]

다음과 같이 사인함수와 코사인함수의 곱으로 나타나는 함수는 사인함수와 코사인함수의 합과 차로 표현할 수 있다.

(1) $\sin x\cos y = \frac{1}{2}[\sin(x+y)+\sin(x-y)]$

(2) $\cos x\sin y = \frac{1}{2}[\sin(x+y)-\sin(x-y)]$

(3) $\cos x\cos y = \frac{1}{2}[\cos(x+y)+\cos(x-y)]$

(4) $\sin x \sin y = -\frac{1}{2}[\cos(x+y) - \cos(x-y)]$

이 공식은 삼각함수의 덧셈공식에서 유도된다. 예를 들어

$\sin(x+y) = \sin x \cos y + \cos x \sin y$와 $\sin(x-y) = \sin x \cos y - \cos x \sin y$

의 양변을 각각 더하고 정리하면 삼각함수의 곱을 합과 차로 바꾸는 공식에서

$\sin x \cos y = \frac{1}{2}[\sin(x+y) + \sin(x-y)]$가 유도된다.

예제 1.5.6 $\sin 3x \cos 4x$를 사인함수 혹은 코사인함수의 합으로 바꾸어라.

풀이 삼각함수의 곱을 합과 차로 바꾸는 공식 (1)에서 다음을 계산할 수 있다.

$$\sin 3x \cos 4x = \frac{1}{2}[\sin(3x+4x) + \sin(3x-4x)]$$

$$= \frac{1}{2}\sin 7x + \frac{1}{2}\sin(-x) = \frac{1}{2}\sin 7x - \frac{1}{2}\sin x$$ ∎

유제 1.5.6 $\cos 3x \cos 4x$를 사인함수 혹은 코사인함수의 합으로 바꾸어라.

주의 : [합과 차를 곱으로 바꾸는 공식]

삼각함수의 곱을 합과 차로 바꾸는 공식에서 사인함수와 코사인함수의 합과 차로 나타나는 함수는 사인함수와 코사인함수의 곱으로 표현할 수 있다.

(1) $\sin x + \sin y = 2\sin\frac{x+y}{2}\cos\frac{x-y}{2}$

(2) $\sin x - \sin y = 2\cos\frac{x+y}{2}\sin\frac{x-y}{2}$

(3) $\cos x + \cos y = 2\cos\frac{x+y}{2}\cos\frac{x-y}{2}$

(4) $\cos x - \cos y = -2\sin\frac{x+y}{2}\sin\frac{x-y}{2}$

$A=x+y$, $B=x-y$로 두면 $x=\dfrac{A+B}{2}, y=\dfrac{A-B}{2}$가 된다. 삼각함수의 합과 차를 곱으로 바꾸는 공식의 x와 y에 이를 대입하고 정리한 후, A와 B를 x와 y로 바꾸면 삼각함수의 곱을 합과 차로 바꾸는 공식이 된다.

예제 1.5.7 $\sin 105° - \sin 15°$의 값을 구하여라.

*** **풀이** 삼각함수의 합과 차를 곱으로 바꾸는 공식 (2)에서 다음을 계산할 수 있다.

$$\begin{aligned}\sin 105° - \sin 15° &= 2\cos\frac{105° + 15°}{2}\sin\frac{105° - 15°}{2} \\ &= 2\cos\frac{120°}{2}\sin\frac{90°}{2} \\ &= 2\cos 60° \sin 45° = 2\cdot \frac{1}{2}\cdot \frac{\sqrt{2}}{2} = \frac{\sqrt{2}}{2}\end{aligned}$$

∎

유제 1.5.7 $\cos 105° - \cos 15°$의 값을 구하여라.

하나의 변수 x에 대하여, $\sin x$와 $\cos x$에 상수를 곱하고 더하기를 한 함수 $a\sin x + b\cos x$는 하나의 삼각함수로 표현할 수 있는데 이를 활용하면 $a\sin x + b\cos x$로 표현된 함수의 최댓값과 최솟값을 구하는데 사용될 수 있다.

정리 1.5.6 [삼각함수의 합성]

함수 $a\sin x + b\cos x$는 다음과 같이 하나의 삼각함수로 표현할 수 있다.

(1) $\cos\alpha = \dfrac{a}{\sqrt{a^2+b^2}}$이고 $\sin\alpha = \dfrac{b}{\sqrt{a^2+b^2}}$이면, 함수 $a\sin x + b\cos x$는 다음과 같이 나타낼 수 있다.

$$a\sin x + b\cos x = \sqrt{a^2+b^2}\sin(x+\alpha)$$

(2) $\sin\alpha = \dfrac{a}{\sqrt{a^2+b^2}}$이고 $\cos\alpha = \dfrac{b}{\sqrt{a^2+b^2}}$이면, 함수 $a\sin x + b\cos x$는 다음과 같이 나타낼 수 있다.

$$a\sin x + b\cos x = \sqrt{a^2+b^2}\cos(x-\alpha)$$

증명 $\left(\dfrac{a}{\sqrt{a^2+b^2}}\right)^2 + \left(\dfrac{b}{\sqrt{a^2+b^2}}\right)^2 = 1$이므로 $\cos\alpha = \dfrac{a}{\sqrt{a^2+b^2}}$이고 $\sin\alpha = \dfrac{b}{\sqrt{a^2+b^2}}$인 각 α를 찾을 수 있고 함수 $a\sin x + b\cos x$를 변형하고 삼각함수의 덧셈정리를 이용하면 다음과 같이 나타낼 수 있다.

$$\begin{aligned} a\sin x + b\cos x &= \sqrt{a^2+b^2}\left(\frac{a}{\sqrt{a^2+b^2}}\sin x + \frac{b}{\sqrt{a^2+b^2}}\cos x\right) \\ &= \sqrt{a^2+b^2}(\cos\alpha\sin x + \sin\alpha\cos x) \\ &= \sqrt{a^2+b^2}\sin(x+\alpha) \end{aligned}$$

같은 이유로 $\sin\alpha = \dfrac{a}{\sqrt{a^2+b^2}}$이고 $\cos\alpha = \dfrac{b}{\sqrt{a^2+b^2}}$인 각 α도 찾을 수 있고 함수 $a\sin x + b\cos x$를 변형하고 삼각함수의 덧셈정리를 이용하면 다음과 같이 나타낼 수 있다.

$$\begin{aligned} a\sin x + b\cos x &= \sqrt{a^2+b^2}\left(\frac{a}{\sqrt{a^2+b^2}}\sin x + \frac{b}{\sqrt{a^2+b^2}}\cos x\right) \\ &= \sqrt{a^2+b^2}(\sin\alpha\sin x + \cos\alpha\cos x). \\ &= \sqrt{a^2+b^2}\cos(x-\alpha) \end{aligned}$$

∎

예제 1.5.8 $\sqrt{3}\sin x - \cos x$을 $a\sin(x+\alpha)$의 꼴로 나타내어라.

*** **풀이** 삼각함수의 합성을 이용하면 다음과 같이 나타낼 수 있다.

$$\begin{aligned}\sqrt{3}\sin x - \cos x &= 2\left(\frac{\sqrt{3}}{2}\sin x - \frac{1}{2}\cos x\right)\\ &= 2\left(\cos\left(-\frac{\pi}{6}\right)\sin x + \sin\left(-\frac{\pi}{6}\right)\cos x\right)\\ &= 2\sin\left(x - \frac{\pi}{6}\right)\end{aligned}$$

■

유제 1.5.8 $\sin x - \cos x$을 $a\sin(x+\alpha)$의 꼴로 나타내어라.

예제 1.5.9 함수 $f(x) = 2\sqrt{3}\sin x + 3\cos\left(x + \frac{\pi}{3}\right) + 2$의 최댓값과 최솟값을 구하여라.

*** **풀이** 먼저 삼각함수의 덧셈공식을 적용하고 정리한 다음 삼각함수의 합성을 이용하면 다음과 같이 계산된다.

$$\begin{aligned}2\sqrt{3}\sin x + 3\cos\left(x + \frac{\pi}{3}\right) &= 2\sqrt{3}\sin x + 3\left(\cos x\cos\frac{\pi}{3} - \sin x\sin\frac{\pi}{3}\right)\\ &= 2\sqrt{3}\sin x + 3\left(\frac{1}{2}\cos x - \frac{\sqrt{3}}{2}\sin x\right)\\ &= \frac{\sqrt{3}}{2}\sin x + \frac{3}{2}\cos x\\ &= \sqrt{3}\left(\frac{1}{2}\sin x + \frac{\sqrt{3}}{2}\cos x\right)\\ &= \sqrt{3}\left(\cos\frac{\pi}{3}\sin x + \sin\frac{\pi}{3}\cos x\right)\\ &= \sqrt{3}\sin\left(x + \frac{\pi}{3}\right)\end{aligned}$$

따라서 $f(x) = 2\sqrt{3}\sin x + 3\cos\left(x + \frac{\pi}{3}\right) + 2 = \sqrt{3}\sin\left(x + \frac{\pi}{3}\right) + 2$이다.

$-1 \leq \sin\left(x+\frac{\pi}{3}\right) \leq 1$이므로

$f(x)$의 최댓값은 $2+\sqrt{3}$이고 최솟값은 $2-\sqrt{3}$이다. ∎

유제 1.5.9 함수 $f(x)=\sin\left(x+\frac{\pi}{6}\right)+2\cos\left(x+\frac{\pi}{3}\right)-1$의 최댓값과 최솟값을 구하여라.

정의 1.5.1 [삼각방정식과 삼각부등식]

각이 미지수 x인 삼각함수를 포함하는 방정식을 삼각방정식이라 부르고, 각이 미지수 x인 삼각함수를 포함하는 부등식을 삼각부등식이라 부른다.

예제 1.5.10 $0 \leq x \leq 2\pi$에서 $\sin x=\frac{1}{2}$의 해를 구하여라.

풀이 사인함수의 그래프는 1사분면과 2사분면에서 함숫값이 양이고 1사분면에서는 증가, 2사분면에서는 감소한다. 따라서 1사분면과 2사분면에서 각각 하나의 해가 있다.

한편, $\sin\frac{\pi}{6}=\frac{1}{2}$이고 $\sin\frac{5\pi}{6}=\sin\left(\pi-\frac{\pi}{6}\right)=\sin\frac{\pi}{6}=\frac{1}{2}$이므로

해는 $x=\frac{\pi}{6}, \frac{5\pi}{6}$이다. ∎

유제 1.5.10 $0 \leq x \leq 2\pi$에서 $\cos x=-\frac{1}{2}$의 해를 구하여라.

앞의 예제에서 사인함수는 주기가 2π이므로 $\sin x = \frac{1}{2}$을 만족하는 모든 해는 $0 \leq x \leq 2\pi$에서의 해에서 $2n\pi$를 더해준 것으로 나타난다. 일반적으로 $\sin x = a$의 하나의 해가 θ라고 하면 삼각함수의 항등식에서 $\sin(\pi - \theta) = -\sin(-\theta) = \sin\theta$이므로 $\pi - \theta$도 해가 된다. θ와 $\pi - \theta$는 하나의 주기 안에 있으며 또 다른 해는 이 두 해가 2π만큼 이동하면서 나타난다. $\sin x = a$의 모든 해를 나타낸 것을 $\sin x = a$의 **일반해(general solution)**라고 한다. 이와 같이 $\sin x = a$, $\cos x = a$, $\tan x = a$의 일반해를 정리하면 다음과 같다.

정리 1.5.7 [삼각함수의 일반해]

다음의 각 삼각방정식의 한 해를 θ라고 할 때,

(1) $\sin x = a$의 일반해는 다음과 같다.

$$x = n\pi + (-1)^n\theta, \ n\text{은 정수}$$

(2) $\cos x = a$의 일반해는 다음과 같다.

$$x = 2n\pi \pm \theta, \ n\text{은 정수}$$

(3) $\tan x = a$의 일반해는 다음과 같다.

$$x = n\pi + \theta, \ n\text{은 정수}$$

주의: 정리 1.28과 같은 일반해를 구하는 방법에 대입해서 찾을 수 있지만 삼각함수의 그래프를 그려서 해의 위치와 삼각함수의 대칭성을 비교하여 찾을 수도 있다. 다른 관점으로 $\sin x = a$, $\cos x = a$의 해를 $0 \leq x \leq 2\pi$에서 구한 후 각각의 해에 $2n\pi$를 더해서 일반해를 구할 수 있고 $\tan x = a$의 해를 $-\frac{\pi}{2} < x < \frac{\pi}{2}$에서 구한 후 해에 $n\pi$를 더해서 일반해를 구할 수 있다. 여기서, n은 모든 정수이다.

예제 1.5.11 $\sin x = \frac{1}{2}$의 일반해를 구하여라.

*** **풀이** 예제 1.50에서 $\sin x = \frac{1}{2}$의 한 해는 $\frac{\pi}{6}$이므로 일반해는 다음과 같다.

$$x = n\pi + (-1)^n \frac{\pi}{6} \quad (n\text{은 정수})$$

(별해) 예제 1.50에서 $\sin x = \frac{1}{2}$의 $0 \le x \le 2\pi$에서의

해는 $x = \frac{\pi}{6}, \frac{5\pi}{6}$이다. 따라서 일반해는 다음과 같다.

$$x = \frac{\pi}{6} + 2n\pi, \frac{5\pi}{6} + 2n\pi \quad (n\text{은 정수})$$ ■

유제 1.5.11 (1) $\cos x = -\frac{1}{2}$의 일반해를 구하여라.

(2) $\tan x = 1$의 일반해를 구하여라.

예제 1.5.12 방정식 $2\sin^2 x + 3\sin x + 1 = 0$의 해를 구하여라.

*** **풀이** $2\sin^2 x + 3\sin x + 1 = (2\sin x - 1)(\sin x - 1) = 0$이므로

$\sin x = \frac{1}{2}$이고 $\sin x = 1$이다.

예제 1.51에서 $\sin x = \frac{1}{2}$의 일반해는 다음과 같다.

$$x = \frac{\pi}{6} + 2n\pi, \frac{5\pi}{6} + 2n\pi \quad (n\text{은 정수})$$

$\sin x = 1$의 한 해는 $\frac{\pi}{2}$이므로 일반해는 $x = 2n\pi + \frac{\pi}{2}$ (n은 정수)이다.

그러므로 구하는 일반해는 다음과 같다.

$$x = \frac{\pi}{6} + 2n\pi, \frac{5\pi}{6} + 2n\pi, \ 2n\pi + \frac{\pi}{2} \quad (n\text{은 정수})$$ ■

유제 1.5.12 (1) 방정식 $2\cos^2 x + 3\sin x = 0$의 해를 구하여라.

(2) $2\cos^2 x - 2\sqrt{3}\sin x\cos x - 1 = 0$의 해를 구하여라.

주의 : 삼각부등식 $f(x) \geq 0$ 또는 $f(x) > 0$의 해는 먼저 삼각방정식 $f(x) = 0$의 해를 구한 후 삼각함수 $y = f(x)$의 그래프의 개형을 이용하여 해의 범위를 결정할 수 있다.

예제 1.5.13 $0 \leq x \leq 2\pi$에서 $\sin x \geq \frac{1}{2}$의 해를 구하여라.

*** **풀이** 먼저 삼각방정식 $\sin x = \frac{1}{2}$의 해는 $x = \frac{\pi}{6}, \frac{5\pi}{6}$이다. $y = \sin x$의 그래프는 1사분면에서는 증가하고 2사분면에서는 감소하므로 구하는 해는 $\frac{\pi}{6} \leq x \leq \frac{5\pi}{6}$이다. ∎

유제 1.5.13 $0 \leq x \leq 2\pi$에서 $\tan x \leq 1$의 해를 구하여라.

예제 1.5.14 $0 \leq x \leq 2\pi$에서 $2\sin^2 x + 3\sin x + 1 < 0$의 해를 구하여라.

*** **풀이** $2\sin^2 x + 3\sin x + 1 = (2\sin x - 1)(\sin x - 1) < 0$이므로 $\frac{1}{2} < \sin x < 1$이다.

예제 1.53에서처럼 계산하면 $\sin x > \frac{1}{2}$의 해는 $\frac{\pi}{6} < x < \frac{5\pi}{6}$이고

$\sin x < 1$의 해는 $x \neq \frac{\pi}{2}$이다.

그러므로 구하는 해는 $\frac{\pi}{6} < x < \frac{\pi}{2}$, $\frac{\pi}{2} < x < \frac{5\pi}{6}$이다. ∎

유제 1.5.14 $0 \leq x \leq 2\pi$에서 $2\cos^2 x \leq 3\sin x$의 해를 구하여라.

* 연습문제 1.5 *

01.. $0 < \alpha < \frac{\pi}{2}$, $\frac{\pi}{2} < \beta < \pi$이고 $\sin\alpha = \frac{1}{3}$, $\cos\beta = \frac{1}{4}$일 때, $\sin(\alpha+\beta)$와 $\cos(\alpha-\beta)$의 값을 구하여라.

02.. $\cos\theta = \frac{4}{5}$일 때, $\sin\frac{\theta}{2}$, $\cos\frac{\theta}{2}$, $\tan\frac{\theta}{2}$의 값을 구하여라.

03.. $\frac{\pi}{2} < \theta < \pi$에서 $\sin\theta = \frac{3}{5}$일 때, $\sin2\theta$, $\cos2\theta$, $\tan2\theta$의 값을 구하여라.

04.. 함수 $f(x) = \sqrt{3}\sin x + \cos x - 1$의 최댓값과 최솟값을 구하여라.

05.. 방정식 $\tan x - \sqrt{3} = 0$의 해를 구하여라.

06.. 방정식 $\sin^2 2x - \cos^2 x = 0$의 해를 구하여라.

07.. 부등식 $2\cos x - 1 < 0$의 해를 구하여라.

02 함수의 극한과 연속

2.1 함수의 극한

2.2 함수의 연속

2.1 함수의 극한

정의 2.1.1 [함수의 극한]

a의 근방에서 정의된 함수 $y=f(x)$에 대해, x가 a의 근방에서 a와 다른 값으로 a에 한없이 가까워질 때 함숫값 $f(x)$가 일정한 값 L에 가까워질 때, $f(x)$는 L에 **수렴한다(converge)**고 하고 다음과 같이 표시한다.

$$\lim_{x\to a} f(x)=L \text{ 또는 } x\to a\text{일 때 } f(x)\to L$$

이때, L을 x가 a에 가까워질 때 $y=f(x)$의 **극한값(limit value)** 또는 **극한(limit)**이라 한다.

예제 2.1.1 모든 실수 a에 대하여 $\lim_{x\to a} c=c$이다. (단, c는 상수)

예제 2.1.2

(1) 모든 실수 a에 대하여 $\lim_{x\to a} x=a$이다.

(2) 모든 양의 실수 a에 대하여 $\lim_{x\to a}\sqrt{x}=\sqrt{a}$이다.

유제 2.1.2 $a\neq 0$인 실수 a에 대하여 극한 $\lim_{x\to a}\frac{1}{x}$을 구하여라.

정의 2.1.2 [우극한]

x가 a보다 큰 값으로 a에 한없이 가까워질 때, 함숫값 $f(x)$가 L에 한없이 가까워지면 다음과 같이 나타낸다.

$$\lim_{x \to a^+} f(x) = L$$

이때, L을 x가 a에 가까워질 때 $f(x)$의 **우극한(right hand limit)**이라 한다.

정의 2.1.3 [좌극한]

x가 a보다 작은 값으로 a에 한없이 가까워질 때, 함숫값 $f(x)$가 L에 한없이 가까워지면 다음과 같이 나타낸다.

$$\lim_{x \to a^-} f(x) = L$$

이때, L을 x가 a에 가까워질 때 $f(x)$의 **좌극한(left hand limit)**이라 한다.

정리 2.1.1

다음이 성립한다.

$$\lim_{x \to a} f(x) = L \quad \Leftrightarrow \quad \lim_{x \to a^+} f(x) = L = \lim_{x \to a^-} f(x)$$

예제 2.1.3 $f(x)=\dfrac{x}{|x|}$일 때 다음을 각각 구하여라.

(1) $\lim\limits_{x\to 0^+} f(x)$ (2) $\lim\limits_{x\to 0^-} f(x)$ (3) $\lim\limits_{x\to 0} f(x)$

풀이 (1) $\lim\limits_{x\to 0^+} f(x)=\lim\limits_{x\to 0^+}\dfrac{x}{|x|}=\lim\limits_{x\to 0^+}\dfrac{x}{x}=1$

(2) $\lim\limits_{x\to 0^-} f(x)=\lim\limits_{x\to 0^-}\dfrac{x}{|x|}=\lim\limits_{x\to 0^-}\dfrac{x}{-x}=-1$

(3) 정리 3.1.5에 의하여 $\lim\limits_{x\to 0} f(x)$은 존재하지 않는다. ∎

유제 2.1.3 다음 극한을 조사하여라.

(1) $\lim\limits_{x\to 0}|x|$

(2) $\lim\limits_{x\to 0}[x]$ (단, $[x]$는 x를 넘지 않는 최대 정수)

예제 2.1.4 함수 $f(x)=\begin{cases} x-1 & (x\ge 1) \\ -x+k & (x<1)\end{cases}$에 대하여 극한 $\lim\limits_{x\to 1} f(x)$이 존재하도록 상수 k의 값을 구하여라.

풀이 $\lim\limits_{x\to 1^+} f(x)=\lim\limits_{x\to 1^+}(x-1)=0$이고

$\lim\limits_{x\to 1^-} f(x)=\lim\limits_{x\to 1^-}(-x+k)=-1+k$이므로 $-1+k=0$.

$\therefore\ k=1$ ∎

유제 2.1.4 함수 $f(x)=\begin{cases} 5x-2 & (x\le 1) \\ x^2+k & (x>1)\end{cases}$에 대하여 극한 $\lim\limits_{x\to 1} f(x)$이 존재하도록 상수 k의 값을 구하여라.

정의 2.1.4 [무한극한]

x가 a에 한없이 가까워질 때, 함숫값 $f(x)$가 한없이 커지면 다음과 같이 나타낸다.

$$\lim_{x \to a} f(x) = \infty$$

x가 a에 한없이 가까워질 때, 함숫값 $f(x)$가 한없이 작아지면 다음과 같이 나타낸다.

$$\lim_{x \to a} f(x) = -\infty$$

예제 2.1.5 극한 $\lim_{x \to 1^+} \frac{1}{x^2 - 1}$과 $\lim_{x \to 1^-} \frac{1}{x^2 - 1}$을 조사하여라.

*** **풀이** $\lim_{x \to 1^+} \frac{1}{x^2 - 1} = \infty$, $\lim_{x \to 1^-} \frac{1}{x^2 - 1} = -\infty$ ∎

유제 2.1.5 극한 $\lim_{x \to 0^+} (\ln x + 3)$와 $\lim_{x \to 3^-} \frac{2x}{x - 3}$을 조사하여라.

정의 2.1.5 [무한에서의 극한]

x가 한없이 커질 때, 함숫값 $f(x)$가 L에 한없이 가까워지면 다음과 같이 나타낸다.

$$\lim_{x \to \infty} f(x) = L$$

x가 한없이 작아질 때, 함숫값 $f(x)$가 L에 한없이 가까워지면 다음과 같이 나타낸다.

$$\lim_{x \to -\infty} f(x) = L$$

주의 : 다음의 극한은 직관을 통하여 쉽게 얻을 수 있다.

$$\lim_{x\to\infty}\frac{1}{x}=0 \qquad \lim_{x\to 0^+}\frac{1}{x}=\infty \qquad \lim_{x\to\infty}\frac{1}{x^2}=0$$

$$\lim_{x\to -\infty}\frac{1}{x}=0 \qquad \lim_{x\to 0^-}\frac{1}{x}=-\infty \qquad \lim_{x\to 0}\frac{1}{x^2}=\infty$$

예제 2.1.6 다음 극한을 조사하여라.

(1) $\lim_{x\to\infty}\dfrac{2^x}{1+2^x}$ (2) $\lim_{x\to -\infty}\dfrac{e^{1/x}-2}{e^{1/x}+1}$

풀이 (1) $\lim_{x\to\infty}\dfrac{2^x}{1+2^x}=\lim_{x\to\infty}\dfrac{1}{1+\dfrac{1}{2^x}}=1$ (2) $\lim_{x\to -\infty}\dfrac{e^{1/x}-2}{e^{1/x}+1}=-\dfrac{1}{2}$ ∎

유제 2.1.6 다음 극한을 조사하여라.

(1) $\lim_{x\to\infty}\dfrac{3^x+1}{3^{x+1}}$ (2) $\lim_{x\to\infty}e^{x-x^2}$

정리 2.1.2 [극한의 성질]

$\lim_{x\to a}f(x)=L$이고 $\lim_{x\to a}g(x)=M$일 때, 다음이 성립한다.

(1) $\lim_{x\to a}cf(x)=c\lim_{x\to a}f(x)=cL$ (단, c는 상수)

(2) $\lim_{x\to a}(f(x)\pm g(x))=\lim_{x\to a}f(x)\pm\lim_{x\to a}g(x)=L\pm M$

(3) $\lim_{x\to a}f(x)g(x)=\lim_{x\to a}f(x)\lim_{x\to a}g(x)=LM$

(4) $\lim_{x\to a}\dfrac{f(x)}{g(x)}=\dfrac{\lim_{x\to a}f(x)}{\lim_{x\to a}g(x)}=\dfrac{L}{M}$ (단, $M\neq 0$)

주의: 위의 정리는 $x \to a$대신 $x \to a^+, x \to a^-, x \to \infty, x \to -\infty$ 일 때도 성립한다.

예제 2.1.7 (1) $f(x) = a_0 + a_1 x + a_2 x^2 + \cdots + a_n x^n$일 때 $\lim_{x \to a} f(x) = f(a)$이다.

(2) $f(x)$가 유리함수이고 a가 f의 정의역에 포함되면 $\lim_{x \to a} f(x) = f(a)$이다.

풀이 (1) $\lim_{x \to a} f(x) = \lim_{x \to a}(a_0 + a_1 x + a_2 x^2 + \cdots + a_n x^n)$

$$= a_0 + a_1\left(\lim_{x \to a} x\right) + a_2\left(\lim_{x \to a} x\right)^2 + \cdots + a_n\left(\lim_{x \to a} x\right)^n$$

$$= a_0 + a_1 a + a_2 a^2 + \cdots + a_n a^n = f(a)$$

(2) $p(x)$와 $q(x)$는 다항함수이고 $f(x) = \dfrac{p(x)}{q(x)}$라고 하자. (1)에 의해서

$$\lim_{x \to a} f(x) = \lim_{x \to a} \frac{p(x)}{q(x)} = \frac{\lim_{x \to a} p(x)}{\lim_{x \to a} q(x)} = \frac{p(a)}{q(a)} = f(a)$$ ∎

예제 2.1.8 다음 극한값을 구하여라.

(1) $\lim_{x \to 1}(x^2 + 2x + 3)$ (2) $\lim_{x \to 2} \dfrac{5x}{x^2 + 4}$

풀이 (1) $\lim_{x \to 1}(x^2 + 2x + 3) = 1^2 + 2 \cdot 1 + 3 = 6$

(2) $\lim_{x \to 2} \dfrac{5x}{x^2 + 4} = \dfrac{5 \cdot 2}{2^2 + 4} = \dfrac{10}{8} = \dfrac{5}{4}$ ∎

유제 2.1.8 다음 극한값을 구하여라.

(1) $\lim_{x \to 1} \dfrac{x^2 + 2}{x + 1}$ (2) $\lim_{x \to 0} \dfrac{3x - 4}{x^2 + 1}$

유형$\left(\frac{0}{0}\right)$별 극한 계산

$\lim_{x \to a} \frac{f(x)}{g(x)}$에서 $\lim_{x \to a} f(x) = 0 = \lim_{x \to a} g(x)$인 경우는 분모, 분자를 인수분해하거나 유리화를 통해 극한값을 구할 수 있다.

예제 2.1.9 다음 극한값을 구하여라.

(1) $\lim_{x \to 2} \frac{x^2 - 4}{x - 2}$ (2) $\lim_{x \to 1} \frac{x - 1}{\sqrt{x} - 1}$

풀이 (1) $\lim_{x \to 2} \frac{x^2 - 4}{x - 2} = \lim_{x \to 2} \frac{(x+2)(x-2)}{x-2} = \lim_{x \to 2}(x+2) = 4$

(2) $$\begin{aligned} \lim_{x \to 1} \frac{x-1}{\sqrt{x}-1} &= \lim_{x \to 1} \frac{(x-1)(\sqrt{x}+1)}{(\sqrt{x}-1)(\sqrt{x}+1)} \\ &= \lim_{x \to 1} \frac{(x-1)(\sqrt{x}+1)}{x-1} \\ &= \lim_{x \to 1} (\sqrt{x}+1) = 2 \end{aligned}$$

∎

유제 2.1.9 다음 극한값을 구하여라.

(1) $\lim_{x \to 0} \frac{x^2 - 5x}{2x^2 + 3x}$ (2) $\lim_{x \to -2} \frac{x^3 + 8}{x + 2}$

(3) $\lim_{x \to 1} \frac{\sqrt{x^2 + 3} - 2}{x - 1}$ (4) $\lim_{x \to 1} \frac{\sqrt[3]{x} - 1}{x - 1}$

유형$\left(\frac{\infty}{\infty}\right)$별 극한 계산

$\lim_{x\to\infty}\frac{f(x)}{g(x)}$에서 $\lim_{x\to\infty}f(x)=\pm\infty$ 이고 $\lim_{x\to\infty}g(x)=\pm\infty$ 인 경우는 분모, 분자를 인수분해하거나 유리화를 통해 극한값을 구할 수 있다.

예제 2.1.10 다음 극한을 구하여라.

(1) $\lim_{x\to\infty}\frac{4x+1}{2x^2+3x-1}$ (2) $\lim_{x\to\infty}\frac{x^2+x+1}{3x^2+5x-2}$

(3) $\lim_{x\to\infty}\frac{4x^2+3x}{2x+1}$

*** **풀이** (1) $x\neq 0$이라고 생각하자. 분자와 분모에 $\frac{1}{x^2}$을 곱하면

$$\lim_{x\to\infty}\frac{4x+1}{2x^2+3x-1}=\lim_{x\to\infty}\frac{\frac{4}{x}+\frac{1}{x^2}}{2+\frac{3}{x}-\frac{1}{x^2}}=0$$

(2) $x\neq 0$이라고 생각하자. 분자와 분모에 $\frac{1}{x^2}$을 곱하면

$$\lim_{x\to\infty}\frac{x^2+x+1}{3x^2+5x-2}=\lim_{x\to\infty}\frac{1+\frac{1}{x}+\frac{1}{x^2}}{3+\frac{5}{x}-\frac{2}{x^2}}=\frac{1}{3}$$

(3) $x\neq 0$이라고 생각하자. 분자와 분모에 $\frac{1}{x^2}$을 곱하면

$$\lim_{x\to\infty}\frac{4x^2+3x}{2x+1}=\lim_{x\to\infty}\frac{4+\frac{3}{x}}{\frac{2}{x}+\frac{1}{x^2}}=\infty$$

∎

유제 2.1.10 다음 극한값을 구하여라.

(1) $\lim_{x\to\infty}\frac{\sqrt{x^2-9}}{2x-6}$ (2) $\lim_{x\to-\infty}\frac{\sqrt{x^2-9}}{2x-6}$

유형($\infty-\infty$, $0\cdot\infty$)별 극한 계산

- $\lim_{x\to\infty}(f(x)-g(x))$에서 $\lim_{x\to\infty}f(x)=\infty=\lim_{x\to\infty}g(x)$인 경우
- $\lim_{x\to\infty}f(x)g(x)$에서 $\lim_{x\to\infty}f(x)=0$이고 $\lim_{x\to\infty}g(x)=\pm\infty$ 인 경우

$\Rightarrow \infty\cdot c, \frac{c}{\infty}, \frac{\infty}{c}, \frac{c}{0}, \frac{0}{0}, \frac{\infty}{\infty}$ 꼴로 변형하여 극한값을 구할 수 있다.

예제 2.1.11 다음 극한값을 구하여라.

(1) $\lim_{x\to\infty}(x^2-3x+2)$ (2) $\lim_{x\to\infty}\left(\sqrt{x^2+2x}-x\right)$

(3) $\lim_{x\to 0}\frac{1}{x}\left(\frac{1}{x+1}-1\right)$

풀이 (1) $\lim_{x\to\infty}(x^2-3x+2)=\lim_{x\to\infty}x^2\left(1-\frac{3}{x}+\frac{2}{x^2}\right)=\infty$

(2) $$\lim_{x\to\infty}\left(\sqrt{x^2+2x}-x\right)=\lim_{x\to\infty}\frac{\left(\sqrt{x^2+2x}-x\right)\left(\sqrt{x^2+2x}+x\right)}{\sqrt{x^2+2x}+x}$$

$$=\lim_{x\to\infty}\frac{2x}{\sqrt{x^2+2x}+x}=\lim_{x\to\infty}\frac{2}{\sqrt{1+\frac{2}{x}}+1}=1$$

(3) $$\lim_{x\to 0}\frac{1}{x}\left(\frac{1}{x+1}-1\right)=\lim_{x\to 0}\frac{1}{x}\left(\frac{-x}{x+1}\right)=\lim_{x\to 0}\frac{-1}{x+1}=-1$$ ■

극한 계산

$\lim_{x\to a}\dfrac{f(x)}{g(x)}=\alpha$이고 $\lim_{x\to a}g(x)=0$이면

$$\lim_{x\to a}f(x)=\lim_{x\to a}\left(\frac{f(x)}{g(x)}\times g(x)\right)=0$$

예제 2.1.12 $\lim_{x\to 1}\dfrac{x^2-ax+b}{x-1}=2$를 만족하는 상수 a, b를 구하여라.

풀이 $\lim_{x\to 1}(x-1)=0$이므로 $\lim_{x\to 1}(x^2-ax+b)=1-a+b=0$이다.

$b=a-1$을 대입하면

$$\begin{aligned}\lim_{x\to 1}\frac{x^2-ax+b}{x-1}&=\lim_{x\to 1}\frac{x^2-ax+a-1}{x-1}\\&=\lim_{x\to 1}\frac{(x-1)(x+1-a)}{x-1}\\&=2-a=2\end{aligned}$$

$\therefore\ a=0, b=-1$ ∎

유제 2.1.12 다음 식을 만족시키는 상수 a, b의 값을 구하여라.

(1) $\lim_{x\to 2}\dfrac{x^2+ax+2}{x-2}=b$

(2) $\lim_{x\to 2}\dfrac{x^2-4}{x^2+ax+b}=\dfrac{1}{2}$

(3) $\lim_{x\to 1}\dfrac{a\sqrt{x+1}-b}{x-1}=3$

정리 2.1.3 [조임정리]

- $\lim_{x\to a} f(x) = L$이고 $\lim_{x\to a} g(x) = M$이고 $f(x) \le g(x)$이면

$$\lim_{x\to a} f(x) \le \lim_{x\to a} g(x)$$

- a의 근방에서 $f(x) \le g(x) \le h(x)$이고 $\lim_{x\to a} f(x) = \lim_{x\to a} h(x) = L$이면

$$\lim_{x\to a} g(x) = L$$

주의: 위의 정리는 $x\to a$대신 $x\to a^+, x\to a^-, x\to \infty, x\to -\infty$ 일 때도 성립한다.

정리 2.1.4

$\lim_{x\to a} |f(x)| = 0$ 이면 $\lim_{x\to a} f(x) = 0$이다.

증명 $-|f(x)| \le f(x) \le |f(x)|$이고 $\lim_{x\to a} |f(x)| = 0$ 이므로

정리 2.1.3 조임정리에 의하여 $\lim_{x\to a} f(x) = 0$이다. ∎

예제 2.1.13 $\lim_{x\to 0} x^2 \sin\frac{1}{x}$을 구하여라.

풀이 $x \ne 0$에 대하여 $-1 \le \sin\frac{1}{x} \le 1$이고 $-x^2 \le x^2\sin\frac{1}{x} \le x^2$이다.

$\lim_{x\to 0} x^2 = 0$이므로 정리 2.1.3 조임정리에 의하여 $\lim_{x\to 0} x^2\sin\frac{1}{x} = 0$이다. ∎

예제 2.1.14 $\lim_{x\to 0} x\sin\frac{1}{x}$을 구하여라.

*** **풀이** $x \neq 0$에 대하여 $0 \le \left|\sin\frac{1}{x}\right| \le 1$이므로 다음이 성립한다.

$$0 \le \left|x\sin\frac{1}{x}\right| \le |x|$$

$\lim_{x\to 0}|x| = 0$이므로 정리 2.1.3 조임정리에 의하여 $\lim_{x\to 0}\left|x\sin\frac{1}{x}\right| = 0$이다. 따라서

$$\lim_{x\to 0} x\sin\frac{1}{x} = 0$$ ∎

유제 2.1.14 $\lim_{x\to 0} \sin x\cos\frac{1}{x}$을 구하여라.

정리 2.1.5

$\lim_{x\to a} f(x) = b$, $\lim_{x\to b} g(x) = g(b)$이면 다음이 성립한다.

$$\lim_{x\to a} g(f(x)) = g(b) = g(\lim_{x\to a} f(x))$$

정리 2.1.6

$\lim_{x\to a} f(x)$의 극한값이 존재하고 n이 임의의 자연수이면

(단, n이 짝수이면 $\lim_{x\to a} f(x) > 0$일 때)

$$\lim_{x\to a}\sqrt[n]{f(x)} = \sqrt[n]{\lim_{x\to a} f(x)}$$

예제 2.1.15 $\lim_{x \to 0} \sqrt{x^2+1}$ 을 구하여라.

*** **풀이** $\lim_{x \to 0} \sqrt{x^2+1} = \sqrt{\lim_{x \to 0}(x^2+1)} = \sqrt{0+1} = 1$ ∎

유제 2.1.15 $\lim_{x \to 2} \sqrt[3]{(3x^2-2x)}$ 을 구하여라.

✲ 연습문제 2.1 ✲

01.. 다음 극한을 구하여라.

(1) $\lim\limits_{x \to 2}(x^3 - 2x + 1)$

(2) $\lim\limits_{x \to \infty} \dfrac{x^3 + 2x - 1}{x^2 + 1}$

(3) $\lim\limits_{x \to 1} \dfrac{x^3 - 1}{x - 1}$

(4) $\lim\limits_{x \to \infty} \dfrac{4x - 1}{2x^2 - 3x + 1}$

(5) $\lim\limits_{x \to 1^-} \dfrac{1}{x^2 - 1}$

(6) $\lim\limits_{x \to 0} \dfrac{1}{x}\left(\dfrac{1}{x+4} - \dfrac{1}{4}\right)$

(7) $\lim\limits_{x \to \infty} \dfrac{x}{\sqrt{1 + x^2} - 1}$

(8) $\lim\limits_{x \to 0} \dfrac{\sqrt{2+x} - \sqrt{2}}{x}$

02.. $\lim\limits_{x \to 2} \dfrac{f(x) - 5}{x^2 + x - 6} = 7$일 때 $\lim\limits_{x \to 2} f(x)$를 구하여라.

03.. $\lim\limits_{x \to 1} \dfrac{x^2 + ax + b}{x^3 - 1} = 2$가 성립하도록 상수 a와 b의 값을 구하여라.

04.. $f(x) = \begin{cases} 7x - 2, & x \le 1 \\ ax^2, & x > 1 \end{cases}$가 $x = 1$에서 연속이 되도록 상수 a의 값을 구하여라.

05.. $\lim\limits_{x \to 1} \dfrac{x^2 + ax + b}{x^3 - 1} = 2$가 성립하도록 상수 a와 b의 값을 구하여라.

06.. $\lim\limits_{x \to 1} \dfrac{x - 1}{x^2 + ax + b} = 1$이 성립하도록 상수 a와 b의 값을 구하여라.

07.. $\lim\limits_{x \to a} \dfrac{x^2 - a^2}{x - a} = 8$이고

$\lim\limits_{x \to \infty} (\sqrt{x^2 + ax} - \sqrt{x^2 + bx}) = 3$일 때, 상수 a와 b의 값을 구하여라.

08.. 다음 극한을 구하여라. 단, $[x]$는 x를 넘지 않는 최대정수를 나타낸다.

(1) $\lim\limits_{x \to 2^+}[x]$ (2) $\lim\limits_{x \to 2^-}[x]$

(3) $\lim\limits_{x \to 3^+}\dfrac{x^2-9}{x-[x]}$ (4) $\lim\limits_{x \to 1}[-x^2+2x+3]$

09.. 모든 양의 실수 x에 대하여 $4x-9 \leq f(x) \leq x^2-4x+7$일 때, $\lim\limits_{x \to 4}f(x)$를 구하여라.

10.. 모든 실수 x에 대하여 $2x \leq f(x) \leq x^4-x^2+2$일 때, $\lim\limits_{x \to 1}f(x)$를 구하여라.

2.2 함수의 연속

정의 2.2.1 [함수의 연속]

- 함수 f가 다음을 만족할 때, f는 $x=a$에서 **연속(continuous)**이라고 한다.

$$\lim_{x\to a} f(x) = f(a)$$

- f가 $x=a$에서 연속이 아니면 f는 $x=a$에서 **불연속(discontinuous)**이라고 한다.

주의: 연속의 정의로부터, 함수 f가 $x=a$에서 연속이라는 것은 다음의 세 조건이 성립해야 한다는 것을 알 수 있다.

(1) $x=a$에서 함숫값 $f(a)$가 존재

(2) 극한값 $\lim_{x\to a} f(x)$가 존재

(3) $\lim_{x\to a} f(x) = f(a)$

주의: 다음은 한 점에서 불연속인 함수들의 그래프이다.

(1) 함수 $f(x)=\dfrac{|x|}{x}$는 $x=0$에서 함숫값 $f(0)$가 존재하지 않는다.

(2) 함수 $f(x)=\begin{cases} \dfrac{|x|}{x}, & x \neq 0 \\ 1, & x=0 \end{cases}$는 함숫값 $f(0)=1$이 존재하지만 $\lim_{x\to 0^+} f(x)=1$ 이고 $\lim_{x\to 0^-} f(x)=-1$이므로 극한값 $\lim_{x\to 0} f(x)$이 존재하지 않는다.

(3) 함수 $f(x)=\begin{cases} x+1, & x \neq 2 \\ 1, & x=2 \end{cases}$는 함숫값과 극한값이 존재하지만 일치하지 않는다. 즉 $\lim_{x\to 2} f(x)=3 \neq 1=f(2)$이다.

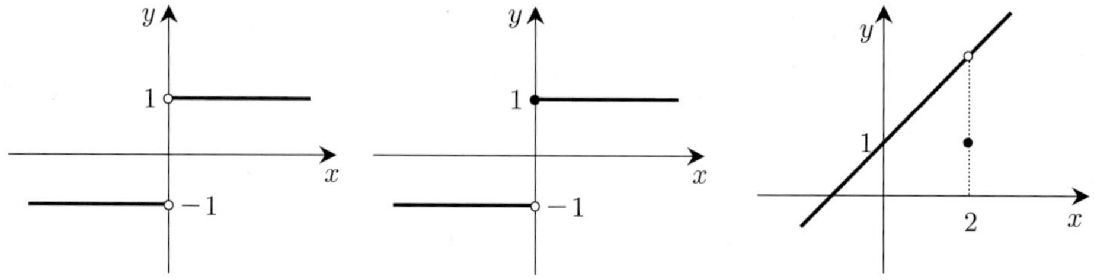

예제 2.2.1 다음 함수들이 $x=3$에서 연속이 되도록 함숫값 $f(3)$을 정의하여라.

(1) $f(x)=\dfrac{x-3}{x^2-9}$ (2) $f(x)=\dfrac{x^2-7x+12}{x-3}$

풀이 (1) $\lim_{x\to 3} f(x)=\lim_{x\to 3}\dfrac{x-3}{(x-3)(x+3)}=\lim_{x\to 3}\dfrac{1}{x+3}=\dfrac{1}{6}$이므로 $f(3)=\dfrac{1}{6}$로 정의하면 연속함수가 된다.

(2) $\lim_{x\to 3} f(x)=\lim_{x\to 3}\dfrac{(x-3)(x-4)}{x-3}=\lim_{x\to 3}(x-4)=-1$이므로 $f(3)=-1$로 정의하면 연속함수가 된다. ∎

정의 2.2.2 [오른쪽으로부터 연속, 왼쪽으로부터 연속]

함수 f에 대하여

- f가 다음을 만족할 때, f는 $x=a$에서 **오른쪽으로부터 연속 (continuous from the right)**이라고 한다.

$$\lim_{x\to a^+} f(x)=f(a)$$

- f가 다음을 만족할 때, f는 $x=a$에서 **왼쪽으로부터 연속 (continuous from the left)**이라고 한다.

$$\lim_{x\to a^-} f(x)=f(a)$$

예제 2.2.2 함수 $f(x) = [x]$는 x를 넘지 않는 최대 정수를 함숫값으로 갖는 함수이다. 모든 정수 n에 대하여,

$$\lim_{x \to n^+} f(x) = \lim_{x \to n^+} [x] = n = f(n), \quad \lim_{x \to n^-} f(x) = \lim_{x \to n^-} [x] = n - 1$$

이므로 f는 n에서 오른쪽으로부터 연속이다. 정수가 아닌 모든 실수에서 함수 f는 연속이다. 함수 f의 그래프는 다음과 같다.

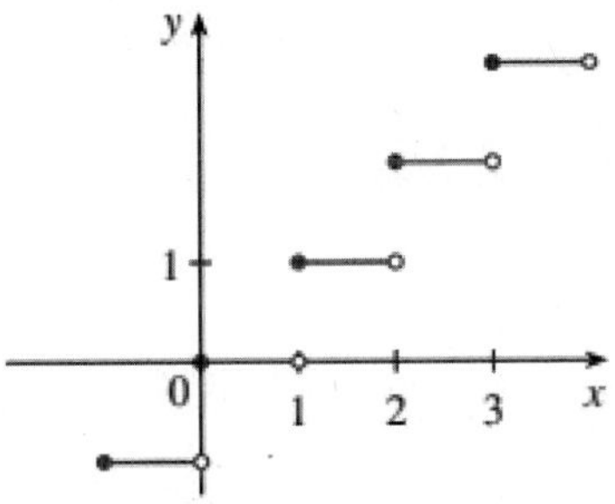

정의 2.2.3 [구간에서의 연속]

함수 f가 구간의 모든 점에서 연속이면 f는 **구간에서 연속**이라고 한다.

주의 :

(1) 개구간 (a, b)의 모든 점에서 연속이면 f는 개구간 **(a, b)에서 연속**이다.

(2) f가 개구간 (a, b)에서 연속이고 $\lim_{x \to a^+} f(x) = f(a)$, $\lim_{x \to b^-} f(x) = f(b)$이면 f는 폐구간 **$[a, b]$ 에서 연속**이다.

예제 2.2.3 (1) $f(x)=\dfrac{\sqrt{4-x^2}}{x^2-4}$은 개구간 $(-2,2)$에서 연속이다.

(2) $f(x)=2+\sqrt{4-x^2}$은 폐구간 $[-2,2]$에서 연속이다.

*** **풀이** (1) 극한의 성질을 통해 $-2<a<2$인 a에 대하여 다음을 알 수 있다.

$$\lim_{x\to a}\frac{\sqrt{4-x^2}}{x^2-4}=\frac{\sqrt{4-a^2}}{a^2-4}=f(a)$$

즉 함수 f는 개구간 $(-2,2)$에서 연속이다.

(2) 극한의 성질에 의해, $-2<a<2$인 a에 대하여 다음을 알 수 있다.

$$\lim_{x\to a}\left(2+\sqrt{4-x^2}\right)=2+\sqrt{4-a^2}=f(a)$$

즉, 함수 f는 개구간 $(-2,2)$에서 연속이다. 또한,

$$\lim_{x\to -2^+}f(x)=2=f(-2),\quad \lim_{x\to 2^-}f(x)=2=f(2)$$

이므로 f는 폐구간 $[-2,2]$에서 연속이다. ∎

정리 2.2.1

두 함수 f, g가 $x=a$에서 연속이면 다음 함수들도 $x=a$에서 연속이다.

$$f+g,\ f-g,\ cf,\ fg,\ \frac{f}{g}(\text{단, } g(a)\neq 0)$$

여기서 c는 상수이다.

정리 2.2.2

- 다항함수는 실수 전체에서 연속이다.
- 유리함수는 분모가 0인 점을 제외한 실수 전체에서 연속이다.

예제 2.2.4 $y = \sin x$, $y = \cos x$는 실수 전체에서 연속이다.

$\cos x = 0$이면 $x = \dfrac{2n+1}{2}\pi$, (n은 정수)이다.

$y = \tan x = \dfrac{\sin x}{\cos x}$는 $x = \dfrac{2n+1}{2}\pi$, (n은 정수)를 제외한 실수에서 연속이다.

유제 2.2.4 $y = \sin x$, $y = \cos x$는 실수 전체에서 연속이다. 다음 표를 완성하여라.

삼각함수	연속인 구간
$y = \sec x$	
$y = \csc x$	
$y = \cot x$	

주의 : 일대일 함수와 그 역함수의 그래프는 직선 $y = x$에 대하여 대칭이므로 연속함수의 역함수도 역시 연속이다. 이를 통해, 지수함수 $y = a^x$는 실수 전체에서, 로그함수 $y = \log_a x$는 $x > 0$인 구간에서 연속임을 알 수 있다.

예제 2.2.5 $f(x)=\dfrac{\ln(x+1)+e^x}{x^2}$가 연속인 구간을 구하여라.

풀이 함수 $g(x)=\ln(x+1)$는 $x>-1$에서 연속이고, e^x는 실수 전체에서 연속이므로 함수 $h(x)=\ln(x+1)+e^x$는 $x>-1$에서 정의되고, 연속함수이다.

이때, 분모가 0인 점을 제외하면 f는 $(-1,0)\cup(0,\infty)$에서 연속이다. ∎

유제 2.2.5 $f(x)=\dfrac{\sin x+\sqrt{4-x}}{\ln x}$가 연속인 구간을 구하여라.

정리 2.2.3

함수 f가 $x=b$에서 연속이고 $\lim\limits_{x\to b} g(x)=b$이면, $\lim\limits_{x\to b} f(g(x))=f(b)$이다. 즉,

$$\lim_{x\to b} f(g(x))=f\left(\lim_{x\to b} g(x)\right)$$

예제 2.2.6 $\lim\limits_{x\to 1}\ln\left(\dfrac{x^2-1}{x-1}\right)$을 구하여라.

풀이 $\lim\limits_{x\to 1}\dfrac{x^2-1}{x-1}=2$이고 $y=\ln x$는 $x=2$에서 연속이므로

$$\lim_{x\to 1}\ln\left(\frac{x^2-1}{x-1}\right)=\ln\left(\lim_{x\to 1}\frac{x^2-1}{x-1}\right)=\ln 2$$ ∎

유제 2.2.6 $\lim\limits_{x\to 1} e^{\frac{\sqrt{x}-1}{x-1}}$을 구하여라.

정리 2.2.4

g가 $x=a$에서 연속이고 f가 $x=g(a)$에서 연속이면 합성함수 $f\circ g$는 $x=a$에서 연속이다.

정리 2.2.5 [사잇값 정리]

함수 f가 폐구간 $[a,b]$에서 연속이고 $f(a)\neq f(b)$이면, $f(a)$와 $f(b)$ 사이의 수 M에 대응하는 수 c가 개구간 (a,b)안에 적어도 하나 존재한다. 즉,

$$f(c)=M$$

인 $c\subset(a,b)$가 반드시 있다.

예제 2.2.7 방정식 $x^4-3x^3-x+1=0$은 0과 1사이에 적어도 하나의 실근을 가짐을 보여라.

*** **풀이** $f(x)=x^4-3x^3-x+1$라고 두면 함수 f는 폐구간 $[0,1]$에서 연속이고 $f(0)=1>0$, $f(1)=-2<0$이다. 사잇값 정리에 의해 $f(c)=0$인 c가 개구간 $(0,1)$안에 적어도 하나 존재한다. ∎

유제 2.2.7 (1) $\cos^2 x+x=0$은 음의 실근을 가짐을 보여라.

(2) $f(x)=x^2+10\sin x$일 때, $f(c)=1000$인 실수 c가 존재함을 보여라.

정리 2.2.6

함수 f가 폐구간 $[a, b]$에서 연속이고 $f(a)f(b) < 0$이면 $f(x) = 0$의 근이 개구간 (a, b)에 적어도 하나 존재한다.

정리 2.2.7 [최대·최소정리]

폐구간 $[a, b]$에서 연속인 함수 f는 그 구간에서 최댓값과 최솟값을 갖는다.

주의 : 주어진 함수의 최댓값과 최솟값을 찾는 과정은 4장 미분에서 구체적으로 논할 예정이다.

＊ 연습문제 2.2 ＊

01.. 주어진 점에서 다음 함수의 연속성을 조사하여라.

(1) $f(x)=x|x|;\ x=0$

(2) $f(x)=\begin{cases}\dfrac{1}{x-2}, & x\neq 2 \\ 2, & x=2\end{cases};\ x=2$

(3) $f(x)=\ln(x-2);\ x=2$

02.. 두 함수 $f(x)$와 $g(x)$는 $0\le x<1,\ 1<x\le 2$에서 연속이고

$$\lim_{x\to 1}f(x)=\infty,\quad \lim_{x\to 1}(f(x)-2g(x))=1$$

을 만족한다. 이때 $\lim_{x\to 1}\dfrac{f(x)-4g(x)}{3f(x)-2g(x)}$을 구하여라.

03.. 다음 함수의 주어진 점 a에서의 연속성을 조사하여라.

(1) $f(x)=x-[x]\ ;\ a=0$

(2) $f(x)=\ln(x-2)\ ;\ a=2$

(3) $f(x)=\begin{cases}\dfrac{1}{x-2}, & x\neq 1 \\ 2, & x=1\end{cases};\ a=1$

04.. 함수 $f(x)=\begin{cases}7x-2, & x\le 1 \\ ax^2, & x>1\end{cases}$가 $x=1$에서 연속이 되도록 상수 a의 값을 구하여라.

05.. 함수 $f(x)=\begin{cases}x^4\sin(1/x), & x\neq 0 \\ 0, & x=0\end{cases}$가 $(-\infty,\infty)$에서 연속임을 설명하여라.

06.. 다음 함수가 연속이 되도록 하는 상수 a와 b를 구하여라.

$$f(x)=\begin{cases} \dfrac{x^2-4}{x-2}, & x<2 \\ ax^2-bx+3, & 2 \le x<3 \\ 2x-a+b, & x \ge 3 \end{cases}$$

07.. 다음 함수의 그래프를 그리고 불연속점이 있으면 모두 구하여라.

(1) $f(x)=\lim_{n\to\infty}\dfrac{1-x^n+x^{n+1}}{1-x^n+x^{n+2}}$

(2) $f(x)=\lim_{n\to\infty}\dfrac{x^{2n+1}+2x+1}{x^{2n}+2}$

08.. 방정식 $x^3=3x-1$은 0과 1사이에 적어도 하나의 실근을 가짐을 보여라.

03 함수의 미분법

3.1 미분계수와 도함수

3.2 미분규칙

3.3 연쇄법칙, 음함수의 미분법

3.4 삼각함수의 미분법

3.5 지수, 로그함수의 미분법

3.1 미분계수와 도함수

$y=f(x)$는 a를 포함하는 개구간에서 정의된 함수라고 할 때, x의 변화량을 Δx로 나타내며 Δx를 x의 **증분**이라고 하고, Δx에 대응하는 y의 변화량을 Δy로 나타낸다. 즉,

$$\Delta y = f(a+\Delta x) - f(a)$$

정의 3.1.1 [변화율]

y는 x의 값에 의해 결정되는 값이라고 할 때, x를 y로 보내는 함수 $y=f(x)$로 나타내면 다음을 정의할 수 있다.

(1) 구간 $[a, a+\Delta x]$에서의 다음을 x에 대한 y의 **평균변화율(average rate of change)**이라 한다.

$$\frac{\Delta y}{\Delta x} = \frac{f(a+\Delta x)-f(a)}{\Delta x}$$

(2) Δx가 0에 가까워질 때, 평균변화율의 극한을 $x=a$에서 x에 대한 y의 **(순간)변화율((instantaneous) rate of change)**이라 한다. 즉,

$$\lim_{\Delta x \to 0} \frac{\Delta y}{\Delta x} = \lim_{\Delta x \to 0} \frac{f(a+\Delta x)-f(a)}{\Delta x}$$

예제 3.1.1 $y=2x^2$일 때, 구간 $[1,4]$에서 x에 대한 y의 평균변화율을 구하여라.

*** **풀이** $\frac{\Delta y}{\Delta x} = \frac{f(a+\Delta x)-f(a)}{\Delta x} = \frac{10-2}{4-1} = \frac{8}{3}$ ∎

유제 3.1.1 $y=x^3+x-1$일 때, 구간 $[0,4]$에서 x에 대한 y의 평균변화율을 구하여라.

정의 3.1.2 [미분계수]

$y=f(x)$의 $x=a$에서 x에 대한 y의 변화율을 $x=a$에서의 함수 f의 **미분계수** (differential coefficient)라고 하고, 기호로 $f'(a)$로 쓴다. 즉,

$$f'(a)=\lim_{\Delta x\to 0}\frac{\Delta y}{\Delta x}=\lim_{\Delta x\to 0}\frac{f(a+\Delta x)-f(a)}{\Delta x}$$

주의: $\Delta x=h$ 또는 $\Delta x=x-a$로 두면 $x=a$에서의 f의 미분계수 $f'(a)$는 다음과 같이 표현된다.

$$f'(a)=\lim_{h\to 0}\frac{f(a+h)-f(a)}{h}=\lim_{x\to a}\frac{f(x)-f(a)}{x-a}$$

주의: $f'(a)$를 $\left.\dfrac{dy}{dx}\right|_{x=a}$로 적기도 한다.

예제 3.1.2 $x=1$에서 함수 $f(x)=x^2+2$의 미분계수 $f'(1)$을 구하여라.

풀이

$$f'(1)=\lim_{h\to 0}\frac{f(1+h)-f(1)}{h}$$

$$=\lim_{h\to 0}\frac{\{(1+h)^2+2\}-3}{h}=\lim_{h\to 0}\frac{h^2+2h}{h}=\lim_{h\to 0}(h+2)=2.$$ ■

예제 3.1.3 $x=2$에서 함수 $f(x)=\sqrt{x}$의 미분계수 $f'(2)$를 구하여라.

풀이

$$f'(2)=\lim_{x\to 2}\frac{f(x)-f(2)}{x-2}=\lim_{x\to 2}\frac{\sqrt{x}-\sqrt{2}}{x-2}$$

$$=\lim_{x\to 2}\frac{\sqrt{x}-\sqrt{2}}{(\sqrt{x}-\sqrt{2})(\sqrt{x}+\sqrt{2})}=\lim_{x\to 2}\frac{1}{(\sqrt{x}+\sqrt{2})}=\frac{1}{2\sqrt{2}}$$ ■

유제 3.1.3 함수 $f(x)=\sqrt[3]{x}$의 $x=1$에서의 미분계수를 구하여라.

함수 f의 미분계수 $f'(a)$는 기하학적으로 다음과 같이 해석될 수 있다. 곡선 $y=f(x)$ 위의 점 $P(a,f(a))$와 근방의 또 다른 점 $Q(x,f(x))$를 생각해 보자. 이때, 두 점을 잇는 선분PQ의 기울기는

$$\frac{f(x)-f(a)}{x-a}$$

이다. 이때 점 x가 a 방향으로 가까워진다면, 점 Q는 곡선을 따라 점 P에 점점 가까워질 것이고, 선분 PQ의 기울기 $\frac{f(x)-f(a)}{x-a}$도 Q의 위치에 따라 그 값이 달라질 것이다. 이때, 점 x가 a 방향으로 한없이 가까워질 때, 선분 PQ의 기울기의 극한값

$$\lim_{x\to a}\frac{f(x)-f(a)}{x-a}$$

이 바로 $x=a$에서의 f의 미분계수 $f'(a)$이다. 즉, $f'(a)$는 점 $P(a,f(a))$에서 곡선 $y=f(x)$의 **접선의 기울기**이다.

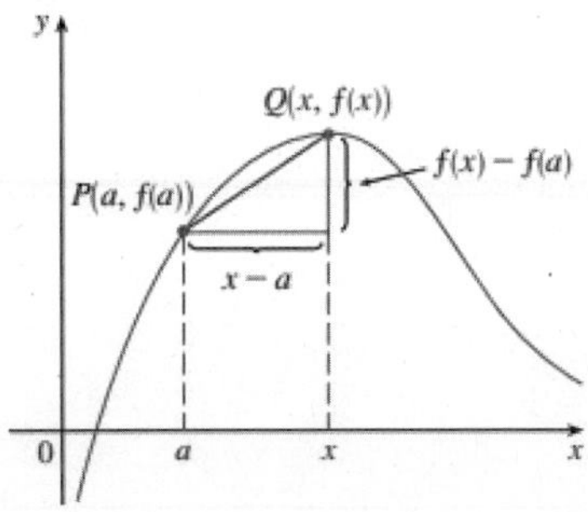

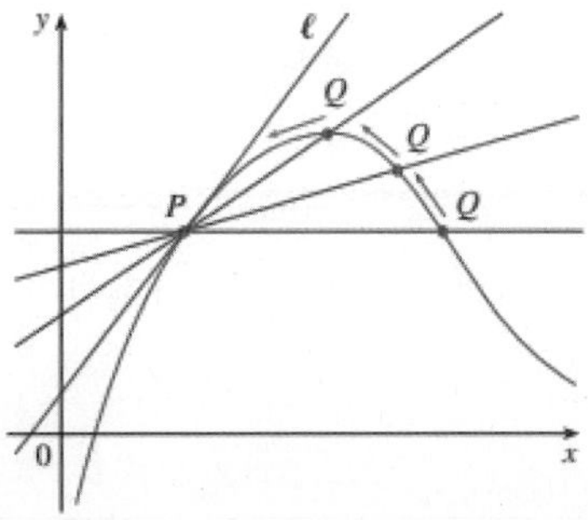

> **정리 3.1.1 [접선의 방정식]**
>
> 곡선 $y=f(x)$의 점 $(a,f(a))$에서의 접선의 기울기는 $f'(a)$이다. 그러므로 접선의 방정식은 다음과 같다.
>
> $$y-f(a)=f'(a)(x-a)$$

예제 3.1.4 곡선 $y=x^2+2$ 위의 점 $(1,3)$에서의 접선의 방정식을 구하여라.

*** **풀이** $x=1$에서 함수 $f(x)=x^2+2$의 미분계수 $f'(1)=2$이다. 그러므로, 포물선 $f(x)=x^2+2$ 위의 점 $(1,3)$에서의 접선의 방정식은 다음과 같다.

$$y-3=2(x-1),\ \text{즉},\ y=2x+1$$ ∎

유제 3.1.4 곡선 $y=\sqrt{x}$ 위의 점 $(4,2)$에서의 접선의 방정식을 구하여라.

주의: 1장에서 우리는 점 $(0,1)$에서 접선의 기울기가 1인 지수함수 $f(x)=a^x$의 밑을 오일러 수 e라고 정의했었다. 이것은 함수 $f(x)=e^x$의 $x=0$에서의 미분계수가 $f'(0)=1$이라는 것이다. 미분계수의 정의에 의해,

$$f'(0)=\lim_{h\to 0}\frac{f(0+h)-f(0)}{h}=\lim_{h\to 0}\frac{e^h-1}{h}=1$$

이 됨을 알 수 있다. 이를 통해 우리는 오일러 수 e를 정의하는 또 다른 식을 얻을 수 있다.

정리 3.1.2

오일러 수 e는 다음을 만족한다.

$$\lim_{x\to 0}\frac{e^x-1}{x}=1$$

예제 3.1.5 함수 $y=e^x$의 $x=2$에서의 미분계수를 구하여라.

*** **풀이** $$f'(2)=\lim_{h\to 0}\frac{e^{2+h}-e^2}{h}=\lim_{h\to 0}\frac{e^2\cdot\ e^h-e^2}{h}=e^2\lim_{h\to 0}\frac{e^h-1}{h}=e^2$$ ∎

유제 3.1.5 곡선 $y=e^x$ 위의 점 $(2,e^2)$에서의 접선의 방정식을 구하여라.

정의 3.1.3 [미분가능]

미분계수 $f'(a)$가 존재하면 함수 f는 $x=a$에서 **미분가능(differentiable)**이라고 한다. f가 개구간 I의 모든 점에서 미분계수를 가질 때, f는 **개구간 I에서 미분가능**이라고 한다.

예제 3.1.6 함수 $f(x)=\sqrt{x}$는 $x=2$에서 미분가능이고, 개구간 $(0,\infty)$에서 미분가능임을 설명하여라.

풀이 (1) 함수 $f(x)=\sqrt{x}$에서 $f'(2)=\dfrac{1}{2\sqrt{2}}$이다. $x=2$에서 미분계수가 존재하므로 함수 f는 $x=2$에서 미분가능이다.

(2) 임의의 a에 대하여 미분계수를 계산해보자.

$$f'(a)=\lim_{x\to a}\frac{f(x)-f(a)}{x-a}=\lim_{x\to a}\frac{\sqrt{x}-\sqrt{a}}{x-a}$$

$$=\lim_{x\to a}\frac{\sqrt{x}-\sqrt{a}}{(\sqrt{x}-\sqrt{a})(\sqrt{x}+\sqrt{a})}=\lim_{x\to a}\frac{1}{(\sqrt{x}+\sqrt{a})}=\frac{1}{2\sqrt{a}}$$

이를 통해 $a>0$일 때 $f'(a)$ 값이 존재함을 알 수 있다. 즉, $a>0$인 점 $x=a$에서 함수 f는 미분가능이다. 다시 말해, 함수 f는 구간 $(0,\infty)$에서 미분가능이다. ∎

예제 3.1.7 $f(x)=x|x|$일 때, $x=0$에서 미분가능성을 조사하여라.

풀이 $\displaystyle\lim_{h\to 0}\frac{f(0+h)-f(0)}{h}=\lim_{h\to 0}\frac{h|h|-0}{h}=\lim_{h\to 0}|h|=0$이므로 $f'(0)$가 존재한다. 따라서 f는 $x=0$에서 미분가능이다. ∎

유제 3.1.7 $f(x)=\begin{cases}x^2, & x\geq 0\\ x^3, & x<0\end{cases}$ 일 때, $x=0$에서 미분가능성을 조사하여라.

예제 3.1.8 함수 $f(x)=|x|$의 $x=0$에서 미분가능성을 조사하여라.

풀이 $x=0$에서의 미분계수 $f'(0)=\lim_{h\to 0}\frac{f(0+h)-f(0)}{h}=\lim_{h\to 0}\frac{|h|}{h}$는 존재하지 않는다. 즉, 함수 f는 $x=0$에서 미분가능하지 않다. ∎

유제 3.1.8 $f(x)=\begin{cases} x^2-2x+2, & x\geq 1 \\ 2-x, & x<1 \end{cases}$일 때, $x=1$에서 미분가능성을 조사하여라.

주의: 함수 $f(x)=|x|$는 $x=0$에서 연속이지만 $x=0$에서 미분가능하지 않은 것처럼 일반적으로 함수 f가 $x=a$에서 연속이어도 반드시 $x=a$에서 미분가능인 것은 아니다.

정리 3.1.3

함수 f가 $x=a$에서 미분가능이면 f는 $x=a$에서 연속이다.

증명 함수 f가 $x=a$에서 미분가능이면 다음이 성립한다.

$$\lim_{h\to 0}\frac{f(a+h)-f(a)}{h}=f'(a)$$

따라서
$$\begin{aligned}\lim_{h\to 0}f(a+h)&=\lim_{h\to 0}[f(a+h)-f(a)+f(a)]\\ &=\lim_{h\to 0}\left[\frac{f(a+h)-f(a)}{h}h+f(a)\right]\\ &=f'(a)\cdot 0+f(a)=f(a)\end{aligned}$$

이므로 함수 f는 $x=a$에서 연속이다. ∎

주어진 함수 f의 실수 a에서의 미분계수는 다음과 같이 정의하였다.

$$f'(a) = \lim_{h \to 0} \frac{f(a+h) - f(a)}{h}$$

미분계수의 정의에서 실수 a가 변한다고 하자. 즉 실수 a를 대신하여 미지수 x로 바꾸면 다음의 식을 얻는다.

$$f'(x) = \lim_{h \to 0} \frac{f(x+h) - f(x)}{h}$$

정의 3.1.4 [도함수]

함수 f에 대하여, 다음과 같이 정의되는 함수 f'을 f의 **도함수(derivative)**라고 한다.

$$f'(x) = \lim_{h \to 0} \frac{f(x+h) - f(x)}{h}$$

함수 f의 도함수는 다음과 같은 다양한 기호로 나타낸다.

$$f'(x) = y' = \frac{dy}{dx} = \frac{df}{dx} = \frac{d}{dx} f(x)$$

주의 : 함수 f의 정의역이 일 때, f'의 정의역은 f의 미분계수가 존재하는 원소들의 집합이다. 즉,

$$f'\text{의 정의역} = \{ x \in D \mid f'(x)\text{가 존재} \}$$

주의 : 함수 f의 도함수 f'을 구하는 연산 과정을 '함수 f를 **미분한다(differentiate)**'라고 한다.

예제 3.1.9 $[0, \infty)$에서 정의되는 함수 $f(x)=\sqrt{x}$의 도함수의 정의역을 구하여라.

풀이 $f'(x)=\lim_{h\to 0}\frac{\sqrt{x+h}-\sqrt{x}}{h}$

$$=\lim_{h\to 0}\frac{(\sqrt{x+h}-\sqrt{x})(\sqrt{x+h}+\sqrt{x})}{h(\sqrt{x+h}+\sqrt{x})}$$

$$=\lim_{h\to 0}\frac{x+h-x}{h(\sqrt{x+h}+\sqrt{x})}=\lim_{h\to 0}\frac{1}{\sqrt{x+h}+\sqrt{x}}=\frac{1}{2\sqrt{x}}$$

따라서 $f(x)=\sqrt{x}$의 도함수는 $f'(x)=\frac{1}{2\sqrt{x}}$이므로

f'의 정의역은 $(0, \infty)$이다. ∎

예제 3.1.10 $f(x)=c$이면 $f'(x)=0$임을 보여라. (단, c는 상수)

풀이 $f'(x)=\lim_{h\to 0}\frac{f(x+h)-f(x)}{h}=\lim_{h\to 0}\frac{c-c}{h}=0$

예제 3.1.11 $f(x)=x^4$일 때 $f'(x)$을 구하여라.

풀이 $f'(x)=\lim_{h\to 0}\frac{f(x+h)-f(x)}{h}=\lim_{h\to 0}\frac{(x+h)^4-x^4}{h}$

$$=\lim_{h\to 0}\frac{4x^3h+6x^2h^2+4xh^3+h^4}{h}$$

$$=\lim_{h\to 0}\frac{(4x^3+6x^2h+4xh^2+h^3)h}{h}$$

$$=\lim_{h\to 0}(4x^3+6x^2h+4xh^2+h^3)=4x^3$$ ∎

유제 3.1.11 $f(x)=\frac{1}{x}$의 도함수를 구하여라.

함수 f가 미분가능함수일 때, 함수 f의 도함수 f'도 역시 x에 관한 함수이고 함수 f'도 f'의 도함수를 가질 수 있다. f'의 도함수를 $(f')' = f''$로 나타내고 f의 **이계도함수(second derivative)**라고 한다.

정의 3.1.5 [고계도함수]

$f(x)$의 도함수 $f'(x)$가 미분가능인 구간에서 $f''(x)$는 다음과 같이 정의하고 f''를 f의 **이계도함수(second derivative)**라고 한다.

$$f''(x) = \lim_{h\to 0}\frac{f'(x+h)-f'(x)}{h}$$

$f(x)$의 이계도함수 $f''(x)$를 다음과 같이 나타낸다.

$$f''(x) = y'' = \frac{d^2y}{dx^2} = \frac{d^2f}{dx^2} = \frac{d^2}{dx^2}f(x)$$

같은 방법으로 $f(x)$의 **n계도함수(nth derivative)** $f^{(n)}(x)$를 정의하고 다음과 같이 나타낸다.

$$f^{(n)}(x) = y^{(n)} = \frac{d^ny}{dx^n} = \frac{d^nf}{dx^n} = \frac{d^n}{dx^n}f(x)$$

예제 3.1.12 (1) $f(x) = x$의 n계도함수를 구하여라.

(2) $f(x) = x^2$의 n계도함수를 구하여라.

(3) $f(x) = x^3$의 n계도함수를 구하여라.

*** **풀이** (1) $f'(x) = \lim_{h\to 0}\frac{(x+h)-x}{h} = \lim_{h\to 0}\frac{h}{h} = 1,\ f^{(n)} = 0, \forall\ n \geq 2$

(2) $f'(x) = \lim_{h\to 0}\frac{(x+h)^2-x^2}{h} = \lim_{h\to 0}\frac{(2x+h)h}{h} = 2x$

$f''(x) = 2,\ f^{(n)} = 0, \forall\ n \geq 3$

(3) $f'(x) = \lim_{h\to 0}\frac{(x+h)^3-x^3}{h} = \lim_{h\to 0}\frac{(3x^2+3xh+h^2)h}{h} = 3x^2$

$$f''(x)=6x,\ f'''(x)=6,\ f^{(n)}=0,\ \forall\ n \ge 4$$ ■

유제 3.1.12 $f(x)=x^4$의 n계도함수를 구하여라.

주의 : 미분계수의 정의로부터 접선을 그을 수 없는 함수는 미분가능하지 않음을 쉽게 유추할 수 있다. 즉, 불연속점, 첨점, 수직 점근선을 가지는 점 등을 포함한 구간에서 정의된 함수는 그 구간에서 미분 불가능하다.

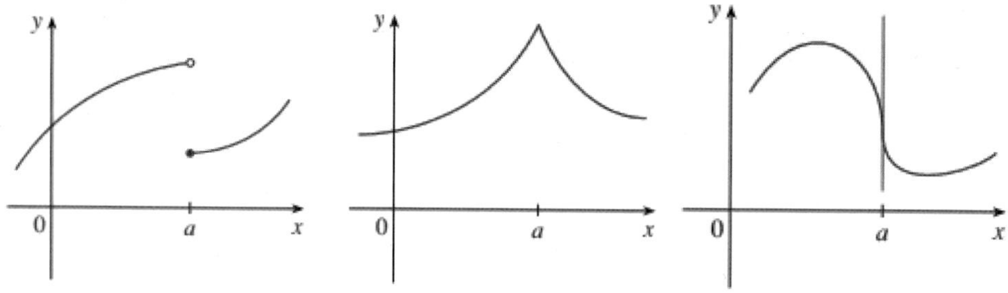

예제 3.1.13 다음 중 $x=0$에서 미분가능한 함수를 고르시오.

(1) $f(x)=|x|$ (2) $g(x)=x|x|$

(3) $p(x)=x^2|x|$

풀이 (1) $\lim_{h\to 0^+}\frac{|h|}{h}=\lim_{h\to 0^+}\frac{h}{h}=1$이고 $\lim_{h\to 0^-}\frac{|h|}{h}=\lim_{h\to 0^+}\frac{-h}{h}=-1$이므로

$f'(0)=\lim_{h\to 0}\frac{f(0+h)-f(0)}{h}=\lim_{h\to 0}\frac{|h|}{h}$는 존재하지 않는다.

따라서 $f(x)=|x|$는 $x=0$에서 미분가능하지 않다.

(2) $g'(0)=\lim_{h\to 0}\frac{g(0+h)-g(0)}{h}=\lim_{h\to 0}\frac{h|h|}{h}=\lim_{h\to 0}|h|=0$이므로

$g(x)=x|x|$는 $x=0$에서 미분가능이다.

(3) $p'(0)=\lim_{h\to 0}\frac{p(0+h)-p(0)}{h}=\lim_{h\to 0}\frac{h^2|h|}{h}=\lim_{h\to 0}h|h|=0$이므로

$p(x)=x^2|x|$는 $x=0$에서 미분가능이다. ■

✲ 연습문제 3.1 ✲

01.. 주어진 구간에서 다음 함수의 평균변화율을 구하여라.

(1) $f(x) = 2x + 1$; $[3, 5]$

(2) $f(x) = \dfrac{1}{x+1}$; $[1, 3]$

(3) $f(x) = (x^2+1)(x-1)$; $[0, 2]$

02.. $x=1$에서 $x=a$ $(a>1)$까지 함수 $f(x)=\sqrt{x}$의 평균변화율이 $\dfrac{1}{3}$일 때, a의 값을 구하여라.

03.. $f'(1)=2$일 때, $\lim\limits_{h\to 0}\dfrac{f(1-2h)-f(1)}{h}$의 값과 $\lim\limits_{h\to 0}\dfrac{f(1+2h)-f(1)}{h}$의 값을 구하라.

04.. $f(2)=1$, $f'(2)=2$일 때, $\lim\limits_{x\to 2}\dfrac{f(x)-1}{x^2-4}$을 구하여라.

05.. 곡선 $y=2x^3-x^2$ 위의 점 $(1,1)$에서의 접선의 방정식을 구하여라.

3.2 미분규칙

정리 3.2.1

(1) 상수함수 $f(x)=c$이면 $f'(x)=0$이다.

(2) 자연수 n에 대하여 $f(x)=x^n$이면 $f'(x)=nx^{n-1}$이다.

(3) c가 상수일 때, $(cf(x))'=cf'(x)$이다.

증명 (1) $f'(x)=\lim_{h\to 0}\frac{f(x+h)-f(x)}{h}=\lim_{h\to 0}\frac{c-c}{h}=0$

(2)
$$\begin{aligned}f'(x)&=\lim_{h\to 0}\frac{f(x+h)-f(x)}{h}\\&=\lim_{h\to 0}\frac{(x+h)^n-x^n}{h}\\&=\lim_{h\to 0}\frac{((x+h)-x)((x+h)^{n-1}+(x+h)^{n-2}x+\cdots+x^{n-1})}{h}\\&=\lim_{h\to 0}((x+h)^{n-1}+(x+h)^{n-2}x+\cdots+x^{n-1})=nx^{n-1}\end{aligned}$$

(3)
$$\begin{aligned}(cf(x))'&=\lim_{h\to 0}\frac{cf(x+h)-cf(x)}{h}\\&=\lim_{h\to 0}\frac{c(f(x+h)-f(x))}{h}\\&=c\lim_{h\to 0}\frac{f(x+h)-f(x)}{h}=cf'(x)\end{aligned}$$
∎

예제 3.2.1 다음 함수의 도함수 $f'(x)$을 구하여라.

(1) $f(x)=7$ (2) $f(x)=3x^5$

풀이 (1) $f'(x)=0$ (2) $f'(x)=15x^4$ ∎

유제 3.2.1 $y=t^3$일 때, $\dfrac{dy}{dt}$를 구하여라.

예제 3.2.2 $f(x)=\sqrt{x}$ 일 때 $f'(x)$을 구하고, 곡선 $y=\sqrt{x}$ 위의 점 $(4,2)$에서의 접선의 방정식을 구하여라.

⁂ **풀이** $f(x)=\sqrt{x}$의 도함수는 $f'(x)=\dfrac{1}{2\sqrt{x}}$이고 $f'(4)=\dfrac{1}{4}$이므로 접선의 방정식은

$$y=\frac{1}{4}(x-4)+2$$

이다. 즉, $y=\dfrac{1}{4}x+1$이다. ∎

위의 예제에 의하면 $f(x)=\sqrt{x}=x^{1/2}$에 대하여 도함수가 $f'(x)=\dfrac{1}{2\sqrt{x}}=\dfrac{1}{2}x^{-\frac{1}{2}}$이다. 모든 실수에 대하여도 다음과 같이 확장할 수 있고 증명은 음함수 미분법에서 다루도록 하겠다.

정리 3.2.2

실수 a에 대하여 $f(x)=x^a$이면

$$f'(x)=ax^{a-1}$$

예제 3.2.3 다음의 도함수 $f'(x)$를 구하여라.

(1) $f(x)=4x^{-3}$ (2) $f(x)=x^{2/3}$

⁂ **풀이** (1) $f'(x)=4(-3x^{-4})=-12x^{-4}$

(2) $f'(x)=\dfrac{2}{3}x^{(2/3-1)}=\dfrac{2}{3}x^{-1/3}$ ∎

유제 3.2.3 다음 함수의 도함수 $f'(x)$를 구하여라.

(1) $f(x)=-2\sqrt{x^5}$ (2) $f(x)=3x^{-3}$

정리 3.2.3 [미분규칙]

두 함수 f, g가 미분가능할 때 다음이 성립한다.

(1) $(f(x)+g(x))'=f'(x)+g'(x)$

(2) $(f(x)-g(x))'=f'(x)-g'(x)$

(3) $(f(x)g(x))'=f'(x)g(x)+f(x)g'(x)$

(4) $\left(\dfrac{f(x)}{g(x)}\right)'=\dfrac{f'(x)g(x)-f(x)g'(x)}{(g(x))^2}$

증명 (1)
$$\begin{aligned}(f(x)+g(x))' &= \lim_{h\to 0}\frac{(f(x+h)+g(x+h))-(f(x)+g(x))}{h}\\ &= \lim_{h\to 0}\frac{(f(x+h)-f(x))+(g(x+h)-g(x))}{h}\\ &= \lim_{h\to 0}\frac{f(x+h)-f(x)}{h}+\lim_{h\to 0}\frac{g(x+h)-g(x)}{h}\\ &= f'(x)+g'(x)\end{aligned}$$

(2)
$$\begin{aligned}(f(x)-g(x))' &= \lim_{h\to 0}\frac{(f(x+h)-g(x+h))-(f(x)-g(x))}{h}\\ &= \lim_{h\to 0}\frac{(f(x+h)-f(x))-(g(x+h)-g(x))}{h}\\ &= \lim_{h\to 0}\frac{f(x+h)-f(x)}{h}-\lim_{h\to 0}\frac{g(x+h)-g(x)}{h}\\ &= f'(x)-g'(x)\end{aligned}$$

(3) $(f(x)g(x))' = \lim_{h \to 0} \frac{f(x+h)g(x+h) - f(x)g(x)}{h}$

$$= \lim_{h \to 0} \frac{f(x+h)g(x+h) - f(x)g(x+h) + f(x)g(x+h) - f(x)g(x)}{h}$$

$$= \lim_{h \to 0} \frac{(f(x+h) - f(x))g(x+h) + f(x)(g(x+h) - g(x))}{h}$$

$$= \lim_{h \to 0} \frac{(f(x+h) - f(x))g(x+h)}{h} + \lim_{h \to 0} \frac{f(x)(g(x+h) - g(x))}{h}$$

$$= \lim_{h \to 0} \frac{f(x+h) - f(x)}{h} g(x+h) + \lim_{h \to 0} f(x) \frac{g(x+h) - g(x)}{h}$$

$$= f'(x)g(x) + f(x)g'(x)$$

(4) $\left(\frac{f(x)}{g(x)}\right)' = \lim_{h \to 0} \frac{\frac{f(x+h)}{g(x+h)} - \frac{f(x)}{g(x)}}{h}$

$$= \lim_{h \to 0} \frac{\frac{f(x+h)g(x) - f(x)g(x+h)}{g(x+h)g(x)}}{h}$$

$$= \lim_{h \to 0} \frac{1}{g(x+h)g(x)} \frac{f(x+h)g(x) - f(x)g(x+h)}{h}$$

$$= \lim_{h \to 0} \frac{1}{g(x+h)g(x)} \frac{f(x+h)g(x) - f(x)g(x) + f(x)g(x) - f(x)g(x+h)}{h}$$

$$= \lim_{h \to 0} \frac{1}{g(x+h)g(x)} \frac{(f(x+h) - f(x))g(x) + f(x)(g(x) - g(x+h))}{h}$$

$$= \lim_{h \to 0} \frac{1}{g(x+h)g(x)} \lim_{h \to 0} \left[\frac{f(x+h) - f(x)}{h} g(x) - f(x) \frac{g(x+h) - g(x)}{h} \right]$$

$$= \frac{1}{(g(x))^2} [f'(x)g(x) - f(x)g'(x)]$$

∎

예제 3.2.4 다음의 도함수 $f'(x)$를 구하여라.

(1) $f(x) = (4x^3 + 1)(x^2 + x)$

(2) $f(x) = \frac{3}{x+1}$

(3) $f(x) = \frac{x^2}{x^2 - 1}$

*** **풀이** (1) $f'(x)=(4x^3+1)'(x^2+x)+(4x^3+1)(x^2+x)'$

$$=(12x^2)(x^2+x)+(4x^3-1)(2x+1)$$

$$=12x^4+12x^3+8x^4+4x^3+2x+1$$

$$=20x^4+16x^3+2x+1$$

(2) $f'(x)=-\dfrac{(x+1)'}{(x+1)^2}=-\dfrac{1}{(x+1)^2}$

(3) $f'(x)=\dfrac{(x^2)'(x^2-1)-x^2(x^2-1)'}{(x^2-1)^2}$

$$=\frac{2x(x^2-1)-x^2(2x)}{(x^2-1)^2}=-\frac{2x}{(x^2-1)^2}$$ ∎

유제 3.2.4 다음의 도함수 $f'(x)$를 구하여라.

(1) $f(x)=(x^3-1)(x^2+x)$ (2) $f(x)=\dfrac{3x^2+x^3}{x}$

(3) $f(x)=\dfrac{3-2x}{5x+1}$

✲ 연습문제 3.2 ✲

01.. 다음 함수의 도함수를 구하여라.

(1) $f(x)=\frac{x-1}{x^2}$　　　(2) $f(x)=\frac{3}{\sqrt{x+2}}$

02.. 함수 $f(t)=(t^2-1)^3$의 $t=3$에서의 미분계수를 구하여라.

03.. 점 $\left(1,\ \frac{1}{2}\right)$에서 함수 $y=\frac{\sqrt{x}}{1+x^2}$의 접선의 방정식을 구하여라.

04.. 점 $(1, 1)$에서 함수 $y=\sqrt{x^3}$의 접선의 방정식을 구하여라.

05.. $f(3)=7, f'(3)=2$이고 $g(3)=6, g'(3)=3$일 때, 다음을 구하여라.

(1) $(2f-5g)'(3)$　　　(2) $(fg)'(3)$

(3) $\left(\frac{f-2g}{f+5g}\right)'(3)$

3.3 연쇄법칙, 음함수의 미분법

정리 3.3.1 [연쇄법칙 : 합성함수의 미분법]

함수 f가 a에서 미분가능이고 함수 g가 $f(a)$에서 미분가능이면, $g\circ f$는 a에서 미분가능이고

$$(g\circ f)'(a)=g'(f(a))f'(a)$$

즉, $y=g(u)$, $u=f(x)$라고 두면 $y=g(f(x))$이고

$$\frac{dy}{dx}=\frac{dy}{du}\frac{du}{dx}$$

예제 3.3.1 다음에서 도함수 y'를 구하여라.

(1) $y=(x^2+3x+1)^4$　　(2) $y=\sqrt{2x^4+1}$

풀이 (1) $u=x^2+3x+1$이라 두면 $y=u^4$이고 연쇄법칙에 의하여

$$\frac{dy}{dx}=\frac{dy}{du}\frac{du}{dx}=4u^3(2x+3)=4(2x+3)(x^2+3x+1)^3$$

(2) $u=2x^4+1$이라 두면 $y=\sqrt{u}$이고 연쇄법칙에 의하여

$$\frac{dy}{dx}=\frac{dy}{du}\frac{du}{dx}=\frac{1}{2\sqrt{u}}8x^3=\frac{4x^3}{\sqrt{2x^4+1}}$$ ∎

유제 3.3.1 다음에서 도함수 y'를 구하여라.

(1) $y=(x^3+1)^{100}$　　(2) $y=\dfrac{1}{\sqrt[3]{x^2-x+1}}$

정의 3.3.1 [음함수]

$y=x+5$, $y=1+\sin x$, $y=e^x+x^2+3\ln x$ 등과 같이 독립변수와 종속변수의 구분이 명확한 함수를 **양함수(explicit function)**라고 하고, $x^2+y^2=4$, $x^3+y^3-6xy=0$ 등과 같이 독립변수와 종속변수의 구분이 명확하지 않아 두 변수의 함축적인 표현으로 나타내는 함수를 **음함수(implicit function)**라고 한다.

음함수 $x^2+y^2=4$의 도함수를 구하는 과정을 통해 음함수의 미분법을 살펴보고자 한다. 우선 음함수 $x^2+y^2=4$는 다음 두 양함수로 나누어 볼 수 있다.

$$y=\sqrt{4-x^2}\ (y\geq 0),\quad y=-\sqrt{4-x^2}\ (y<0)$$

두 양함수 각각의 도함수 $\frac{dy}{dx}$를 구하면

(1) $y=\sqrt{4-x^2}\ (y\geq 0)$일 때, $\frac{dy}{dx}=\frac{-2x}{2\sqrt{4-x^2}}=-\frac{x}{\sqrt{4-x^2}}\ (y>0)$

(2) $y=-\sqrt{4-x^2}\ (y<0)$일 때, $\frac{dy}{dx}=-\frac{-2x}{2\sqrt{4-x^2}}=\frac{x}{\sqrt{4-x^2}}\ (y<0)$

두 경우 모두 다음과 같이 나타낼 수 있다.

$$\frac{dy}{dx}=-\frac{x}{y}\ (y\neq 0)$$

이번에는 음함수 $x^2+y^2=4$의 y가 x의 함수 $f(x)$가 합성된 것으로 생각하고 $x^2+\{f(x)\}^2=4$의 양변을 x에 관하여 연쇄법칙을 사용하여 미분하면

$$2x+2f(x)f'(x)=0\ \text{즉},\ 2x+2y\frac{dy}{dx}=0$$

이다. 이를 $\frac{dy}{dx}$에 대하여 정리하면 앞에서와 같은 다음의 결과를 얻을 수 있다.

$$\frac{dy}{dx}=-\frac{x}{y}\ (y\neq 0)$$

이러한 미분 방법을 **음함수의 미분법**이라고 한다.

예제 3.3.2 $x^2+3xy+y^2=1$에서 $\dfrac{dy}{dx}$를 구하고 $(1,\,-3)$에서 접선의 방정식을 구하여라.

풀이 $x^2+3xy+y^2=1$에서 연쇄법칙을 이용하여 양변을 미분하면

$$2x+3y+3x\frac{dy}{dx}+2y\frac{dy}{dx}=0$$

을 얻는다. 따라서 $\dfrac{dy}{dx}$에 대하여 정리하면 다음을 얻을 수 있다.

$$\frac{dy}{dx}=-\frac{2x+3y}{3x+2y}$$

따라서 $(1,\,-3)$에서 접선의 기울기는

$$\left.\frac{dy}{dx}\right|_{x=1,y=-3}=-\frac{2\cdot1+3\cdot(-3)}{3\cdot1+2\cdot(-3)}=-\frac{7}{3}$$

그러므로 접선의 방정식은

$$y+3=-\frac{7}{3}(x-1)\quad \text{즉,}\quad y=-\frac{7}{3}x-\frac{2}{3}$$ ■

유제 3.3.2 $2x^2+y^3=5xy$에서 $(4,2)$에서 접선의 방정식을 구하여라.

함수 $y=f(x)=2x-1$의 역함수 $y=f^{-1}(x)=\dfrac{x}{2}+\dfrac{1}{2}$를 그리면 다음과 같다.

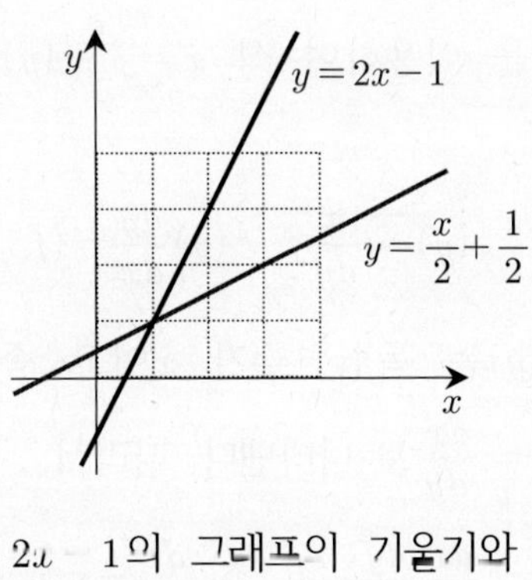

그림에서 살펴보면 $f(x)=2x-1$의 그래프의 기울기와 역함수 $f^{-1}(x)=\dfrac{x}{2}+\dfrac{1}{2}$의 그래프의 기울기는 역수 관계가 있음을 알 수 있다.

일반적인 역함수를 가지는 함수의 그래프와 그 역함수의 그래프는 다음 그림과 같이 직선 $y=x$에 대칭으로 그려지고 대칭인 점들에서의 접선의 기울기는 역수관계가 있어서 그 점들에서의 접선도 직선 $y=x$에 대칭으로 그려진다.

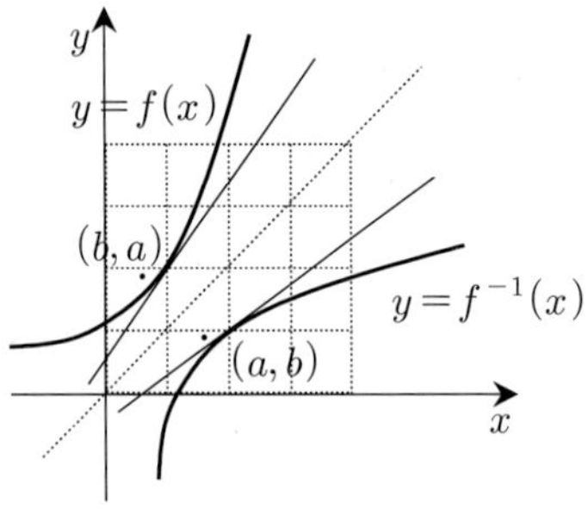

정리 3.3.2 [역함수의 미분법]

미분가능한 함수 $y=f(x)$의 역함수 $x=f^{-1}(y)$가 존재하면 $x=f^{-1}(y)$도 미분가능이고 다음 식이 성립한다.

$$\frac{dx}{dy}=\frac{1}{\frac{dy}{dx}}$$

즉, $(f^{-1})'(y)=\frac{1}{f'(x)}=\frac{1}{f'(g(y))}$

증명 음함수의 미분법을 이용하여 식 $x=f^{-1}(y)$의 양변을 x에 관하여 미분하면

$$1=\frac{d}{dx}f^{-1}(y)=\frac{d}{dy}f^{-1}(y)\frac{dy}{dx}=(f^{-1})'(y)\frac{dy}{dx}$$

역함수 $x=f^{-1}(y)$는 독립변수가 x이고 종속변수가 y인 함수이므로 도함수 $(f^{-1})'(y)=\frac{dx}{dy}$로 나타낸다. 따라서

$$\frac{dx}{dy}\frac{dy}{dx}=1,\ 즉\ \frac{dx}{dy}=\frac{1}{\frac{dy}{dx}}$$ ▮

예제 3.3.3 다음 함수의 도함수 $\dfrac{dy}{dx}$를 구하여라.

(1) $x = 2y^4 + 5y$ (2) $x = 2\sqrt{3 - y^3 + 2y^2}$

풀이 (1) $\dfrac{dx}{dy} = 8y^3 + 5$이므로 역함수 미분법을 사용하면

$$\frac{dy}{dx} = \frac{1}{\frac{dx}{dy}} = \frac{1}{8y^3 + 5}$$

(2) $\dfrac{dx}{dy} = \dfrac{2}{2\sqrt{3 - y^3 + 2y^2}}(3 - y^3 + 2y^2)' = \dfrac{-3y^2 + 4y}{\sqrt{3 - y^3 + 2y^2}}$이므로

역함수 미분법을 사용하면

$$\frac{dy}{dx} = \frac{1}{\frac{dx}{dy}} = \frac{\sqrt{3 - y^3 + 2y^2}}{-3y^2 + 4y}$$ ∎

유제 3.3.3 다음 함수의 도함수 $\dfrac{dy}{dx}$를 구하여라.

(1) $x = -3y^3 + 5y^2$ (2) $x = \sqrt{2y^2 + 3y}$

예제 3.3.4 함수 $y = \sqrt[5]{4x - 3}$의 도함수 $\dfrac{dy}{dx}$를 구하여라.

풀이 $y = \sqrt[5]{4x - 3}$를 x에 관하여 풀면 $x = \dfrac{y^5 + 3}{4}$이고 $\dfrac{dx}{dy} = \dfrac{5y^4}{4}$이므로

$$\frac{dy}{dx} = \frac{1}{\frac{dx}{dy}} = \frac{4}{5y^4}$$ ∎

유제 3.3.4 함수 $y = \sqrt[3]{x^2 - 2x + 1}$의 도함수 $\dfrac{dy}{dx}$를 구하여라.

예제 3.3.5 함수 $x=\frac{y^3+1}{y-1}$ 위의 점 $(0,-1)$에서 접선의 방정식을 구하여라.

*** **풀이** $\frac{dx}{dy}=\frac{3y^2(y-1)-(y^3+1)}{(y-1)^2}=\frac{2y^3-3y^2-1}{(y-1)^2}$이므로 $\frac{dy}{dx}=\frac{(y-1)^2}{2y^3-3y^2-1}$

따라서

$$\left.\frac{dy}{dx}\right|_{x=0,\,y=-1}=-\frac{2}{3}$$

따라서 접선의 방정식은 $y=-\frac{2}{3}x-1$이다. ∎

유제 3.3.5 함수 $f(x)=-3x^3+5x+7$의 역함수 $y=g(x)$위의 점$(6,2)$에서 접선의 방정식을 구하여라.

예제 3.3.6 함수 $f(x)=\sqrt{x}$ 에서 $(f^{-1})'(\sqrt{2})$를 구하여라.

*** **풀이** $f(2)=\sqrt{2}$ 이고 $f'(x)=\frac{1}{2\sqrt{x}}$ 이므로

$$(f^{-1})'(\sqrt{2})=\frac{1}{f'(2)}=\frac{1}{\frac{1}{2\sqrt{2}}}=2\sqrt{2}$$ ∎

유제 3.3.6 함수 $f(x)=x^3,\ (x\geq 0)$에서 $(f^{-1})'(8)$를 구하여라.

✲ 연습문제 3.3 ✲

01.. 다음 함수의 도함수를 구하여라.

(1) $\sqrt{xy} = 1 + x^2 y$　　　(2) $x^2 y^2 + x \sin y = 4$

02.. 점 $(3, 3)$에서 함수 $x^3 + y^3 = 6xy$의 접선의 방정식을 구하여라.

03.. 미분가능한 함수 $f(x)$가 $f(1) = 3$, $f'(1) = 4$를 만족할 때, 함수 $y = \{f(2x-1)\}^3$의 $x = 1$에서의 미분계수를 구하여라.

04.. 미분가능한 함수 $f(x)$가 $f(0) = 0$, $f'(0) = 2$일 때, $g(x) = f(f(x))$에 대하여, $g'(0)$의 값을 구하여라.

05.. $f(x) = x^{10}$와 $g(x) = x^2 + x + 1$에 대하여 $(f \circ g)'(x)$를 구하여라.

06.. $x^4 + y^4 = 17$의 그래프 위의 점 (a, b)에서의 접선의 기울기가 -8일 때, ab의 값을 구하여라.

07.. 미분가능한 함수 $f(x)$의 역함수가 $g(x)$이고 $\lim_{x \to 1} \frac{f(x) - 3}{x - 1} = 2$을 만족할 때, $g'(3)$의 값을 구하여라.

3.4 삼각함수의 미분법

정리 3.4.1 [삼각함수의 극한]

(1) $\lim_{\theta \to 0} \frac{\sin\theta}{\theta} = 1$ (2) $\lim_{\theta \to 0} \frac{\cos\theta - 1}{\theta} = 0$

증명 (1) $0 < \theta < \frac{\pi}{2}$에 대하여

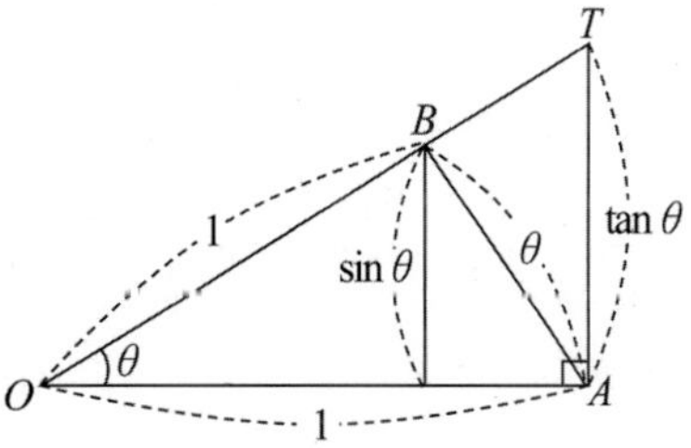

$$0 < \sin\theta < \theta < \tan\theta$$

이므로, 각 항을 $\sin\theta$로 나누면

$$1 < \frac{\theta}{\sin\theta} < \frac{1}{\cos\theta}$$

역수를 취하면 $\cos\theta < \frac{\sin\theta}{\theta} < 1 \quad (\theta \neq 0)$이고 $\lim_{\theta \to 0+} \cos\theta = 1$이므로

$$\lim_{\theta \to 0+} \frac{\sin\theta}{\theta} = 1$$

$-\frac{\pi}{2} < \theta < 0$에 대하여, $\theta = -t$로 놓으면

$$\lim_{\theta \to 0-} \frac{\sin\theta}{\theta} = \lim_{t \to 0+} \frac{\sin(-t)}{-t} = \lim_{t \to 0+} \frac{\sin(t)}{t} = 1$$

그러므로 $\lim_{\theta \to 0} \frac{\sin\theta}{\theta} = 1$.

(2) $\lim_{x \to 0} \frac{\cos x - 1}{x} = \lim_{x \to 0} \frac{-\sin^2 x}{x(\cos x + 1)} = \lim_{x \to 0} \frac{\sin x}{x} \cdot \frac{-\sin x}{\cos x + 1} = 1 \cdot \frac{0}{2} = 0$ ∎

예제 3.4.1 $\lim_{x\to 0}\frac{\sin 3x}{x}$ 와 $\lim_{x\to 0}\frac{\sin^2 x}{x^2}$ 를 구하여라.

*** **풀이** $\lim_{x\to 0}\frac{\sin 3x}{x}=\lim_{x\to 0}\frac{\sin 3x}{3x}3=3$ 이고 $\lim_{x\to 0}\frac{\sin^2 x}{x^2}\lim_{x\to 0}\left(\frac{\sin x}{x}\right)^2=1$ ∎

유제 3.4.1 $\lim_{x\to 0}\frac{\tan 3x}{x}$ 와 $\lim_{x\to 0}\frac{\tan 3x}{\sin 2x}$ 을 구하여라.

예제 3.4.2 $\lim_{x\to 0}\frac{1-\cos x}{x^2}$ 을 구하여라.

*** **풀이**

$$\lim_{x\to 0}\frac{1-\cos x}{x^2}=\lim_{x\to 0}\frac{(1-\cos x)(1+\cos x)}{x^2(1+\cos x)}$$

$$=\lim_{x\to 0}\frac{\sin^2 x}{x^2(1+\cos x)}=\lim_{x\to 0}\left(\frac{\sin x}{x}\right)^2\frac{1}{1+\cos x}=\frac{1}{2}$$ ∎

유제 3.4.2 $\lim_{x\to 0}\frac{1-\cos x}{2\sin^2 x}$ 를 구하여라.

정리 3.4.2 [삼각함수의 도함수]

(1) $y=\sin x$ 이면 $y'=\cos x$

(2) $y=\cos x$ 이면 $y'=-\sin x$

(3) $y=\tan x$ 이면 $y'=\sec^2 x$

(4) $y=\sec x$ 이면 $y'=\sec x\tan x$

(5) $y=\cot x$ 이면 $y'=-\csc^2 x$

(6) $y=\csc x$ 이면 $y'=-\csc x\cot x$

증명 $y=\sin x$ 이면 $y'=\lim_{h\to 0}\frac{\sin(x+h)-\sin x}{h}$

$$=\lim_{h\to 0}\frac{\sin x\cos h+\cos x\sin h-\sin x}{h}$$

$$=\lim_{h\to 0}\sin x\ \frac{\cos h-1}{h}+\lim_{h\to 0}\cos x\ \frac{\sin h}{h}$$

$$=\cos x$$

$y=\sec x=\frac{1}{\cos x}$ 이면

$$y'=\frac{-(-\sin x)}{\cos^2 x}=\frac{1}{\cos x}\frac{\sin x}{\cos x}=\sec x\tan x$$

나머지 함수들도 같은 방법으로 도함수를 구할 수 있다. ∎

예제 3.4.3 다음 함수들이 도함수를 각각 구하여라.

(1) $y=\frac{1-\sin x}{1+\sin x}$ (2) $y=x\sin x+\frac{1}{x}\tan x$

(3) $y=\sec(x^2+x)$ (4) $y=\sin\sqrt{x}$

풀이 (1) $y'=\frac{-\cos x(1+\sin x)-(1-\sin x)\cos x}{(1+\sin x)^2}=-\frac{2\cos x}{(1+\sin x)^2}$

(2) $y'=(x)'\sin x+x(\sin x)'+\left(\frac{1}{x}\right)'\tan x+\frac{1}{x}(\tan x)'$

$$=\sin x+x\cos x-\frac{1}{x^2}\tan x+\frac{1}{x}\sec^2 x$$

(3) $u=x^2+x$라고 두면 $y=\sec u$이고 연쇄법칙에 의하여

$$\frac{dy}{dx}=\frac{dy}{du}\frac{du}{dx}=\tan u\sec u(2x+1)$$

$$=(2x+1)\tan(x^2+x)\sec(x^2+x)$$

(4) $u=\sqrt{x}$ 라고 두면 $y=\cos u$이고 연쇄법칙에 의하여

$$\frac{dy}{dx}=\frac{dy}{du}\frac{du}{dx}=\cos u\ \frac{1}{2\sqrt{x}}=\frac{\cos\sqrt{x}}{2\sqrt{x}}$$ ∎

유제 3.4.3 다음 함수들의 도함수를 구하여라.

(1) $y = \dfrac{1}{2+\cos 2x}$ (2) $y = x - 2\sin^2 x$

(4) $y = \tan^3(2x)$

예제 3.4.4 곡선 $y = \sec(x^2 + x)$ 위의 점 $(0, 1)$에서의 접선의 방정식을 구하여라.

풀이 $\dfrac{dy}{dx} = (2x+1)\tan(x^2+x)\sec(x^2+x)$이므로 접선의 기울기는 0이다.

따라서 접선의 방정식은 $y = 1$이다. ∎

유제 3.4.4 함수 $y = \tan^3(2x)$의 $x = \dfrac{\pi}{6}$에서의 접선의 방정식을 구하여라.

예제 3.4.5 $4\cos x \sin y = 1$의 $\dfrac{dy}{dx}$를 구하고 점 $\left(\dfrac{\pi}{3}, \dfrac{\pi}{4}\right)$에서의 접선의 방정식을 구하여라.

풀이 $4\cos x \sin y = 1$에 대해 음함수의 미분법을 이용하면

$$-4\sin x \sin y + 4\cos x \cos y \frac{dy}{dx} = 0$$

식을 정리하면

$$\frac{dy}{dx} = \frac{\sin x \sin y}{\cos x \cos y} = \tan x \tan y$$

$\left.\dfrac{dy}{dx}\right|_{\left(\frac{\pi}{3}, \frac{\pi}{4}\right)} = \tan x \tan y\Big|_{\left(\frac{\pi}{3}, \frac{\pi}{4}\right)} = \sqrt{3}$이므로 접선의 기울기는 $\sqrt{3}$이고

점$\left(\dfrac{\pi}{3}, \dfrac{\pi}{4}\right)$를 지나므로 접선의 방정식은

$$y = \sqrt{3}\left(x - \frac{\pi}{3}\right) + \frac{\pi}{4}$$ ∎

유제 3.4.5 $\sin(x+y) = y^2 \cos x$의 $\dfrac{dy}{dx}$를 구하고 점 $\left(\dfrac{\pi}{2}, \dfrac{\pi}{2}\right)$에서의 접선의 기울기를 구하여라.

＊ 연습문제 3.4 ＊

01.. 다음 극한을 구하여라.

(1) $\lim_{x \to 0} x^2 \cos\frac{1}{x}$　　(2) $\lim_{x \to 0} x^3 \cos\frac{1}{x}$

(3) $\lim_{x \to 0} \sin x \cos\frac{1}{x}$　　(4) $\lim_{x \to 1^-} \tan\frac{\pi}{2}x$

02.. 다음 함수의 도함수를 구하여라.

(1) $y = \sec x \tan x$　　(2) $x^2y^2 + x\sin y = 4$

(3) $j(y) = \cos(\sin(\tan y))$

03.. 함수 $f(x) = \cos x(\sin x + 1)$의 도함수 $f'(x)$에 대하여 방정식 $f'(x) = 0$의 해를 구하여라.

04.. $f(x) + x^2\cos f(x) = \sin x$일 때, $f'(0)$을 구하여라.

05.. $\sin(x + y^2) = 2xy$ 에서 점$(\pi, 0)$에서의 미분계수를 구하여라.

3.5 지수, 로그함수의 미분법

주의: 오일러 수 e는 다음 극한으로 나타낼 수 있다.

$$e = \lim_{n \to \infty}\left(1+\frac{1}{n}\right)^n = \lim_{x \to \infty}\left(1+\frac{1}{x}\right)^x = \lim_{x \to 0}(1+x)^{\frac{1}{x}}$$

정리 3.5.1

(1) $\lim_{h \to 0}\frac{\ln(1+h)}{h} = 1$ (2) $\lim_{h \to 0}\frac{e^h - 1}{h} = 1$

증명 (1) $\lim_{h \to 0}\frac{\ln(1+h)}{h} = \lim_{h \to 0}\frac{1}{h}\ln(1+h) = \lim_{h \to 0}\ln(1+h)^{\frac{1}{h}} = \ln e = 1$

(2) $e^h - 1 = t$라고 두면 $h = \ln(t+1)$이고 $h \to 0$이면 $t \to 0$이다.
이를 이용하면

$$\lim_{h \to 0}\frac{e^h - 1}{h} = \lim_{t \to 0}\frac{t}{\ln(1+t)} = \lim_{t \to 0}\frac{1}{\ln(1+t)^{\frac{1}{t}}} = \frac{1}{\ln e} = 1$$ ∎

예제 3.5.1 다음 극한을 구하여라.

(1) $\lim_{h \to 0}(1+2h)^{\frac{1}{h}}$ (2) $\lim_{h \to 0}\frac{3^h - 1}{h}$

풀이 (1) $\lim_{h \to 0}(1+2h)^{\frac{1}{h}} = \lim_{h \to 0}(1+2h)^{\frac{1}{2h}\cdot 2} = e^2$

(2) $3^h - 1 = t$라고 두면 $h = \log_3(t+1) = \dfrac{\ln(t+1)}{\ln 3}$이고 $h \to 0$이면 $t \to 0$ 이다. 이를 이용하면

$$\lim_{h\to 0}\frac{3^h - 1}{h} = \lim_{t\to 0}\frac{t\ln 3}{\ln(1+t)} = \lim_{t\to 0}\frac{\ln 3}{\dfrac{\ln(1+t)}{t}} = \ln 3$$ ■

유제 3.5.1 $\displaystyle\lim_{h\to 0}\frac{\ln(1+7h)}{3h}$을 계산하여라.

정리 3.5.2 [지수, 로그함수의 도함수]

지수함수와 로그함수의 도함수는 다음과 같다.

(1) $y = e^x$이면 $y' = e^x$

(2) $y = \ln x$이면 $y' = \dfrac{1}{x}$

(3) $y = \log_a x \ (a > 0,\ a \neq 1)$이면 $y' = \dfrac{1}{x\ln a}$

(4) $y = a^x \ (a > 0, a \neq 1)$이면 $y' = a^x \ln a$

증명 (1) $\dfrac{d}{dx}(e^x) = \displaystyle\lim_{h\to 0}\frac{e^{x+h} - e^x}{h} = \lim_{h\to 0}\frac{e^x(e^h - 1)}{h} = e^x$

(2) $\dfrac{d}{dx}(\ln x) = \displaystyle\lim_{h\to 0}\frac{\ln(x+h) - \ln x}{h}$

$$= \lim_{h\to 0}\frac{\ln\left(\dfrac{x+h}{x}\right)}{h} = \lim_{h\to 0}\ln\left(1 + \frac{h}{x}\right)^{\frac{x}{h}\frac{1}{x}} = \frac{1}{x}$$

(별해) $y = \ln x$이므로 $e^y = x$이다. 음함수의 미분법을 이용하면 $e^y y' = 1$이다. 즉

$$y' = \frac{1}{e^y} = \frac{1}{x}$$

(3) $y=\log_a x=\dfrac{\ln x}{\ln a}$이므로 $y'=\dfrac{1}{x\ln a}$이다.

(4) $(a^x)'=\lim\limits_{h\to 0}\dfrac{a^{x+h}-a^x}{h}=\lim\limits_{h\to 0}\dfrac{a^x(a^h-1)}{h}$이다. $a^h-1=t$라고 두면

$h=\log_a(t+1)=\dfrac{\ln(t+1)}{\ln a}$이고 $h\to 0$이면 $t\to 0$이다. 이를 이용하면

$\lim\limits_{h\to 0}\dfrac{a^h-1}{h}=\lim\limits_{t\to 0}\dfrac{t\ln a}{\ln(1+t)}=\ln a$이므로

$$y'=\frac{1}{x\ln a}$$ ∎

예제 3.5.2 도함수 y'를 구하여라.

(1) $y=\sqrt{e^x+1}$　　(2) $y=\ln(x^2+1)$

(3) $y=e^x\sin x$

풀이 (1) $u=e^x+1$라고 두면 $y=\sqrt{u}$이고 연쇄법칙에 의하여

$$\frac{dy}{dx}=\frac{dy}{du}\frac{du}{dx}=\frac{1}{2\sqrt{u}}e^x=\frac{e^x}{2\sqrt{e^x+1}}$$

(2) $u=x^2+1$라고 두면 $y=\ln u$이고 연쇄법칙에 의하여

$$\frac{dy}{dx}=\frac{dy}{du}\frac{du}{dx}=\frac{1}{u}2x=\frac{2x}{x^2+1}$$

(3) $y'=(e^x)'\sin x+e^x(\sin x)'=e^x\sin x+e^x\cos x$ ∎

유제 3.5.2 도함수 y'를 구하여라.

(1) $y=\sqrt[3]{5^x+\sin x}$　　(2) $y=\log_{10}(\sin x+2)$

(3) $y=e^{\tan x}$

예제 3.5.3 곡선 $y=e^x\sin x$의 $x=0$에서의 미분계수를 구하여라.

*** **풀이** $y'=e^x\sin x+e^x\cos x$이므로 $x=0$에서의 미분계수는 1이다. ∎

유제 3.5.3 함수 $y=\ln(\tan x+\sec x)$의 $x=\frac{\pi}{4}$에서의 미분계수를 구하여라.

예제 3.5.4 함수 $y=\sqrt{e^x+1}$의 $x=0$에서의 접선의 방정식을 구하여라.

*** **풀이** $\frac{dy}{dx}=\frac{e^x}{2\sqrt{e^x+1}}$이므로 $x=0$에서의 접선의 기울기는 $\frac{1}{2\sqrt{2}}$이다.

따라서 접선의 방정식은

$$y-\sqrt{2}=\frac{1}{2\sqrt{2}}(x-0),\ \text{즉},\ y=\frac{1}{2\sqrt{2}}x+\sqrt{2}$$ ∎

유제 3.5.4 함수 $y=e^{\tan x}$의 $x=0$에서의 접선의 방정식을 구하여라.

예제 3.5.5 함수 $y=\ln(x^2+1)$의 $\frac{dy}{dx}$과 $\frac{d^2y}{dx^2}$을 구하여라.

*** **풀이** $\frac{dy}{dx}=\frac{2x}{x^2+1}$이므로

$$\frac{d^2y}{dx^2}=\frac{d}{dx}\left(\frac{dy}{dx}\right)=\frac{d}{dx}\left(\frac{2x}{x^2+1}\right)=\frac{2(x^2+1)-2x(2x)}{(x^2+1)^2}=\frac{2(1-x^2)}{(x^2+1)^2}$$ ∎

유제 3.5.5 함수 $y=\ln(\ln x)$의 y'과 y''을 구하여라.

예제 3.5.6 $y=\ln|x|$ 의 도함수 y'를 구하여라.

*** **풀이** $y=\ln|x|=\begin{cases}\ln x, & x>0\\ \ln(-x), & x<0\end{cases}$ 이므로 $x>0$일 때 $y'=(\ln x)'=\dfrac{1}{x}$이다.

$x<0$일 때 연쇄법칙에 의해 $y'=(\ln(-x))'=\dfrac{1}{-x}(-1)=\dfrac{1}{x}$이다.

위의 두 사실에서

$$\frac{d}{dx}\ln|x|=\frac{1}{x}$$

∎

예제 3.5.7 $y=\ln(x+\sqrt{x^2+1})$ 의 도함수 $\dfrac{dy}{dx}$를 구하여라.

*** **풀이**
$$\begin{aligned}\frac{dy}{dx}&=\frac{1}{x+\sqrt{x^2+1}}\cdot\left(1+\frac{2x}{2\sqrt{x^2+1}}\right)\\&=\frac{1}{x+\sqrt{x^2+1}}\cdot\left(1+\frac{x}{\sqrt{x^2+1}}\right)\\&=\frac{1}{x+\sqrt{x^2+1}}\cdot\left(\frac{\sqrt{x^2+1}+x}{\sqrt{x^2+1}}\right)=\frac{1}{\sqrt{x^2+1}}\end{aligned}$$
∎

유제 3.5.7 함수 $y=(\ln x^2)^3$의 $x=e$에서의 접선의 방정식을 구하여라.

예제 3.5.8 함수 $y=\ln(x^2+y^2)$의 y'를 구하여라.

*** **풀이** $y=\ln(x^2+y^2)$의 양변을 미분하면

$$y'=\frac{1}{x^2+y^2}(2x+2y\cdot y')\Rightarrow(x^2+y^2)y'=2x+2y\cdot y'$$

y'에 대하여 정리하면

$$y'=\frac{2x}{x^2+y^2-2y}$$
∎

유제 3.5.8 함수 $y + \ln y = xy^2$의 y'를 구하여라.

앞의 정리를 극한을 이용하여 증명할 수도 있지만 로그미분법을 이용하여 증명할 수도 있다. 로그미분법을 소개하고 지수함수와 로그함수의 도함수를 로그미분법을 사용하여 증명하고 예제를 통해 로그미분법을 이해해 보자.

[로그미분법]

함수 $y = f(x)$의 도함수 $\frac{dy}{dx}$를 다음 단계를 거쳐 구해보자.

(1) $y = f(x)$의 양변에 자연로그를 취한다.

(2) 로그법칙을 이용하여 양변을 정리한다.

(3) 식을 x에 대하여 음함수의 미분법을 이용하여 미분한다.

(4) $\frac{dy}{dx}$에 대하여 정리한다.

예제 3.5.9 $y = a^x$ $(a > 0, a \neq 1)$일 때, $\frac{d}{dx} = a^x \ln a$임을 로그미분법으로 증명하여라.

풀이 $y = a^x$의 양변에 자연로그를 취하고 로그법칙을 이용하여 정리하면

$$\ln y = \ln a^x = x \ln a$$

음함수의 미분법을 이용하여 양변을 미분하면

$$\frac{1}{y} y' = \ln a$$

따라서 $\frac{dy}{dx} = y \ln a = a^x \ln a$이다. ∎

예제 3.5.10 임의의 실수 c에 대하여, $y=x^c\ (x>0)$이면 $\dfrac{dy}{dx}=c\,x^{c-1}$임을 증명하여라.

∗∗∗ **풀이** $y=x^c$의 양변에 자연로그를 취하고 로그법칙을 이용하여 정리하면

$$\ln y=\ln x^c=c\ln x$$

음함수의 미분법을 이용하여 양변을 미분하면

$$\frac{1}{y}y'=c\frac{1}{x}$$

따라서 $\dfrac{dy}{dx}=y\dfrac{c}{x}=cx^c x^{-1}=c\,x^{c-1}$이다. ∎

예제 3.5.11 $y=x^x\ (x>0)$의 도함수 y'를 구하여라.

∗∗∗ **풀이** $y=x^x$의 양변에 자연로그를 취하고 로그법칙을 이용하여 정리하면

$$\ln y=\ln x^x=x\ln x$$

음함수의 미분법을 이용하여 양변을 미분하면

$$\frac{1}{y}y'=\ln x+x\frac{1}{x}=\ln x+1$$

따라서 $y'=x^x(\ln x+1)$이다. ∎

유제 3.5.11 함수 $f(x)=x^{\ln x}\ (x>0)$에 대하여 $f'(e)$의 값을 구하여라.

✲ 연습문제 3.5 ✲

01.. 다음 함수의 도함수를 구하여라.

(1) $y=(x^2+1)e^{-2x}$ (2) $y=\dfrac{x}{\ln x}$

(3) $y=e^{\cos^2(2x-1)}$ (4) $y=\ln\dfrac{x+1}{\sqrt{x-2}}$

02.. 함수 $f(x)=5^{x^2}$ 위의 점 $(1,5)$에서의 접선의 방정식을 구하여라.

03.. 함수 $f(x)=e^x\ln x$에 대하여, $\lim\limits_{x\to 1}\dfrac{f(x)-f(1)}{x^2-1}$의 값을 구하여라.

04.. 함수 $f(x)=x^x\,(x>0)$에 대하여, 함수 $y=\ln f(x)$의 도함수를 구하여라.

05.. 함수 $f(x)=\ln(\tan x)$ $(0<x<\frac{\pi}{2})$의 역함수 $g(x)$에 대하여 $g'(0)$의 값을 구하여라.

04 미분의 응용

4.1 최대와 최소, 극대와 극소

정의 4.1.1 [최대와 최소]

함수 $f(x)$의 정의역이 D이고 $a \in D$이라고 하자.

(1) 모든 $x \in D$에 대하여 $f(a) \geq f(x)$이면

• $f(a)$를 D에서 f의 **최댓값(maximum value)**이라 하고,

• f는 a에서 **최대(absolute maximum)**라고 한다.

(2) 모든 $x \in D$에 대하여 $f(a) \leq f(x)$이면

• $f(a)$를 D에서 f의 **최솟값(minimum value)**이라 하고,

• f는 a에서 **최소(absolute minimum)**라고 한다.

(3) f의 최댓값과 최솟값을 f의 **극값(extreme values)**이라고 한다.

예제 4.1.1 다음 그림에서처럼 함수 $f(x) = x^2 - 1$은 최솟값 $f(0) = -1$을 갖지만 최댓값은 갖지 않는다.

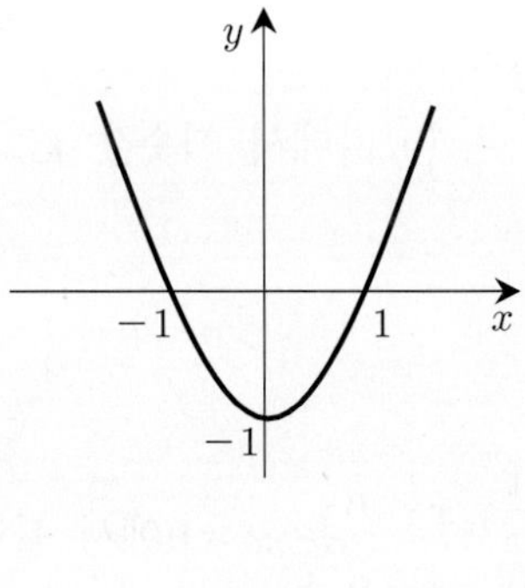

예제 4.1.2 상수함수 $f(x) = c$는 모든 점에서 최대이기도 하고 최소이기도 하다. 또한 c는 상수함수 $f(x) = c$의 최댓값이고 최솟값이다.

예제 4.1.3 함수 $f(x)=\dfrac{1}{x}$은 최댓값도 최솟값도 갖지 않는다.

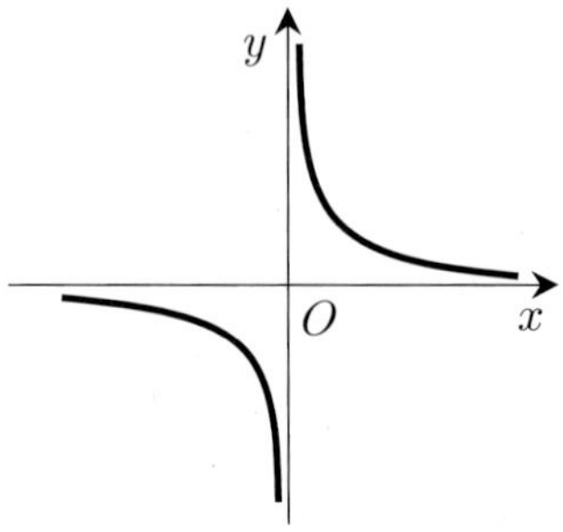

정리 4.1.1 [극값정리]

함수 $f(x)$가 폐구간 $[a,b]$에서 연속이면 f는 $[a,b]$에서 최댓값과 최솟값을 가진다. 즉, $f(c)$는 최솟값이고 $f(d)$는 최댓값인 $c, d \in [a,b]$가 존재한다.

$$f(c) \le f(x) \le f(d), \ \forall \ x \in [a,b]$$

예제 4.1.4 함수 $f(x)=x^2-1$은 폐구간 $[-1,2]$에서 최댓값 $f(2)=3$과 최솟값 $f(0)=-1$을 갖는다.

예제 4.1.5 함수 $f(x)=\dfrac{1}{x}$은 $(0,2]$에서 최솟값 $f(2)=\dfrac{1}{2}$을 갖지만 최댓값을 갖지 않는다.

예제 4.1.6 함수 $f(x)=\begin{cases} \dfrac{1}{x}, & x \neq 0 \\ 0, & x=0 \end{cases}$은 $x=0$에서 불연속이고, 폐구간 $[-1,2]$에서 최댓값과 최솟값 모두를 갖지 않는다.

정의 4.1.2 [극대와 극소]

함수 f의 정의역이 D이고 $a \in D$이라고 하자.

(1) $a \in I$인 개구간 $I(\subseteq D)$가 있어 모든 $x \in I$에 대하여 $f(a) \geq f(x)$이면

- $f(a)$를 f의 **극댓값(local maximum value)**이라 하고,
- f는 a에서 **극대(local maximum)**라고 한다.

(2) $a \in I$인 개구간 $I(\subseteq D)$가 있어 모든 $x \in I$에 대하여 $f(a) \leq f(x)$이면

- $f(a)$를 f의 **극솟값(local minimum value)**이라 하고,
- f는 a에서 **극소(local minimum)**라고 한다.

예제 4.1.7 다음 그림에서 극댓값, 극솟값을 갖는 점을 구하여라.

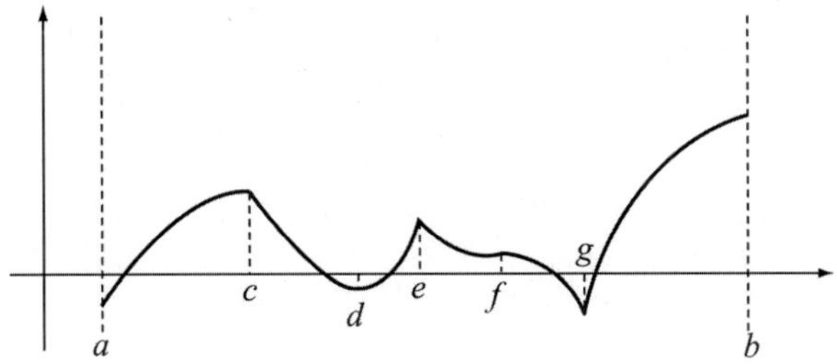

풀이 c와 e에서 극댓값을 갖고, d와 g에서 극솟값을 갖는다. ■

예제 4.1.8 함수 $f(x) = \begin{cases} x^2, & x \leq 1 \\ 2-x, & x > 1 \end{cases}$은 $x=0$에서 극솟값 $f(0)=0$를 갖고 $x=1$에서 극댓값 $f(1)=1$을 갖는다.

주의: 함수 f가 폐구간 $[a,b]$에서 연속이라고 하면 위의 예제처럼 f의 그래프는 점 $(a, f(a))$를 출발하여 증가거나 감소하거나 때로는 변화가 없는 수평선을 그리는지를 번갈아 가며 나타나는 모습을 보인다. 증가에서 감소를 바뀌는

점은 f는 극대가 되는 점이고, 감소에서 증가로 바뀌는 점은 극소가 되는 점인 것을 알 수 있다.

정리 4.1.2 [페르마의 정리]

$f(x)$가 $x=a$에서 미분가능이고 극댓값 또는 극솟값을 갖는다고 하면

$$f'(a)=0$$

증명 $f(x)$가 $x=a$에서 극대라고 하면 충분히 작은 h에 대하여

$$f(a+h)-f(a) \le 0$$

$h>0$ 이면 $\dfrac{f(a+h)-f(a)}{h} \le 0$이므로

$$\lim_{h^+\to 0}\frac{f(a+h)-f(a)}{h} \le 0$$

$h<0$이면 $\dfrac{f(a+h)-f(a)}{h} \ge 0$이므로

$$\lim_{h\to 0^-}\frac{f(a+h)-f(a)}{h} \ge 0$$

따라서 $f'(a)=0$이다.

$f(x)$가 $x=a$에서 극소인 경우도 같은 방법으로 증명할 수 있다. ∎

예제 4.1.9 함수 $f(x)=x^3$이면 $f'(x)=3x^2$이다. 따라서 $f'(0)=0$. 그러나 f는 $x=0$에서 극값을 가지지 않는다.

예제 4.1.10 함수 $f(x)=|x-1|$는 $x=1$에서 극솟값을 가진다. 그러나 $f'(1)$은 존재하지 않는다.

정의 4.1.3 [임계수]

함수 f의 정의역 D의 내부에 속하는 실수 a에 대하여, $f'(a)$가 존재하지 않거나 $f'(a)=0$일 때, a는 f의 **임계수(critical number)**이라고 한다.

예제 4.1.11 함수 $f(x)=x^4-8x^2+5$의 임계수를 구하여라.

풀이 $f'(x)=4x^3-16x=4x(x^2-1)=4x(x+1)(x-1)$이므로 임계수는

$$-1, 0, 1$$

이다. ∎

유제 4.1.11 (1) 함수 $f(x)=|x^2-4|$의 임계수를 구하여라.

(2) 함수 $f(x)=x^2|x-3|$의 임계수를 구하여라.

정리 4.1.3

함수 f가 $x=a$에서 극대 또는 극소를 가진다면 a는 f의 임계수이다.

f가 $x=a$에서 극대 또는 극소 $\Rightarrow$ a는 f의 임계수

$\Updownarrow$

$\nexists f'(a)$ or $f'(a)=0$

정의 4.1.4 [증가하는 구간, 감소하는 구간, 정의 1.1.6과 비교]

f는 구간 I에서 정의된 함수라고 하자.
임의의 두 점 $x_{1,}\, x_2 \in I\ (x_1 < x_2)$대하여,

(1) $f(x_1) < f(x_2)$일 때, 구간 I에서 f는 **증가(increasing)**한다고 하고, I는 f의 **증가하는 구간**이라 한다.

(2) $f(x_1) > f(x_2)$일 때, 구간 I에서 f는 **감소(increasing)**한다고 하고, I는 f의 **감소하는 구간**이라 한다.

(3) $f(x_1) = f(x_2)$일 때, 구간 I에서 f는 **상수(constant)**라고 하고, I는 f의 **상수인 구간**이라 한다.

예제 4.1.12 함수 $f(x) = |x-1|$의 증가하는 구간은 $(1, \infty)$이고 감소하는 구간은 $(-\infty, 1)$이다.

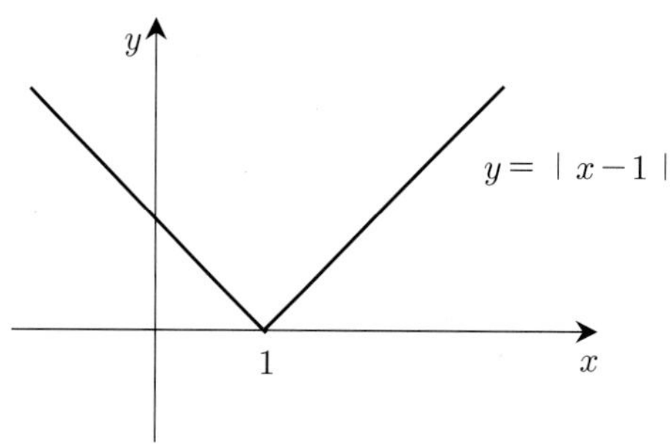

정의 4.1.5 [위로 오목과 아래로 오목]

구간 I에서 정의된 함수 f에 대하여,

(1) I상의 모든 점에서 f의 그래프에 접선을 그렸을 때, f의 그래프가 모든 접선보다 위에 존재한다면 f는 I에서 **위로 오목(concave upward)**이라 하고, I는 f의 **위로 오목인 구간**이다.

(2) I상의 모든 점에서 f의 그래프에 접선을 그렸을 때, f의 그래프가 모든 접선보다 아래에 존재한다면 f는 I에서 **아래로 오목(concave downward)**이라 하고, I는 f의 **아래로 오목인 구간**이다.

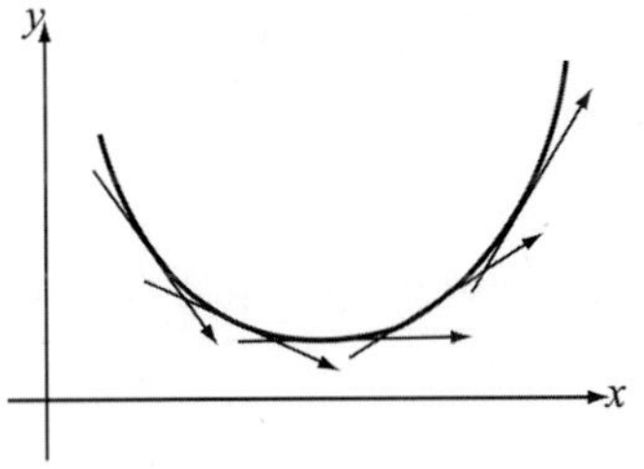

위로 오목

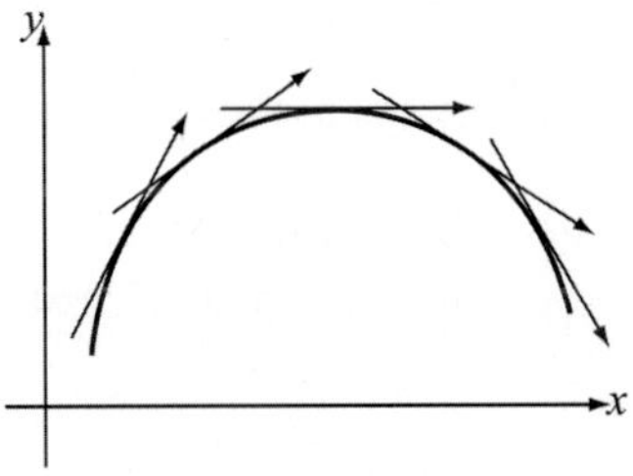

아래로 오목

예제 4.1.13 함수 $f(x)=x^3$의 위로 오목인 구간은 $(0,\infty)$이고 아래로 오목인 구간은 $(-\infty,0)$이다.

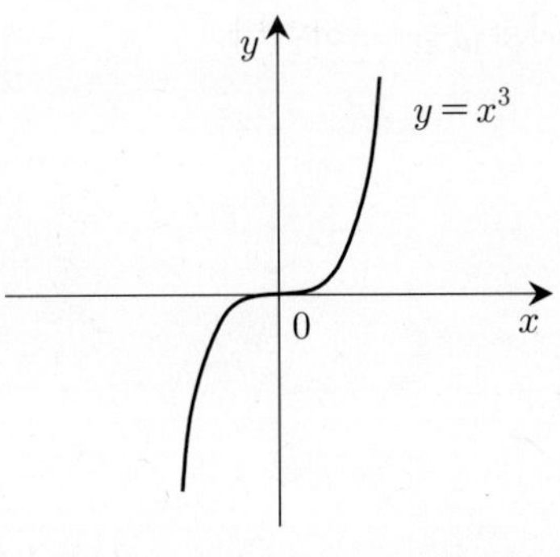

* 연습문제 4.1 *

01.. 다음 함수의 임계수를 구하여라.

(1) $f(x) = 2\sin x - x$

(2) $f(x) = x^3 - 3x^2 + 4$

(3) $f(x) = xe^{x^2}$

(4) $f(x) = \dfrac{\ln x}{x}$

02.. 함수 $f(x) = |x^2 - 1|$에 대하여 다음 물음에 답하여라.

(1) f의 임계수를 구하여라.

(2) f의 극댓값과 극솟값을 구하여라.

(3) f의 증가하는 구간과 감소하는 구간을 구하여라.

(4) f의 위로 오목인 구간과 아래로 오목인 구간을 구하여라.

(5) f의 최댓값과 최솟값을 구하여라.

03.. 함수 $f(x) = \sqrt[3]{x}$에 대하여 다음 물음에 답하여라.

(1) f의 임계수를 구하여라.

(2) f의 극댓값과 극솟값을 구하여라.

(3) f의 증가하는 구간과 감소하는 구간을 구하여라.

(4) f의 위로 오목인 구간과 아래로 오목인 구간을 구하여라.

(5) f의 최댓값과 최솟값을 구하여라.

4.2 평균값의 정리

정리 4.2.1 [롤(Rolle)의 정리]

함수 f가 폐구간 $[a, b]$에서 연속이고 개구간 (a, b)에서 미분가능이고 $f(a)=f(b)$이면 다음을 만족하는 c가 a와 b사이에 적어도 하나 존재한다.

$$f'(c)=0$$

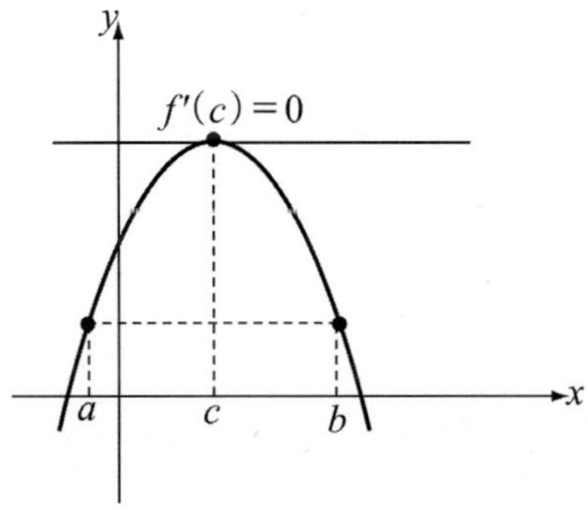

증명 f가 상수함수이면 롤의 정리는 참이다. f가 폐구간 $[a, b]$에서 연속이므로 극값정리에 의해서 $[a, b]$에서 최댓값 $f(c)$과 최솟값 $f(d)$을 가진다.

f는 상수함수가 아니면 $f(c)>f(a)$이거나 $f(d)<f(a)$이다.

우선 $f(c)>f(a)$라고 가정하자.

충분히 작은 $h>0$에 대하여 $\frac{f(c+h)-f(c)}{h} \le 0$이므로

$$\lim_{h \to 0^+} \frac{f(c+h)-f(c)}{h} \le 0$$

충분히 작은 $h<0$에 대하여 $\frac{f(c+h)-f(c)}{h} \ge 0$이므로

$$\lim_{h \to 0^-} \frac{f(c+h)-f(c)}{h} \ge 0$$

따라서 $f'(c)=\lim_{h\to 0^+}\frac{f(c+h)-f(c)}{h}=\frac{f(c+h)-f(c)}{h}=0$이다.

$f(d)<f(a)$일 때도 같은 방법으로 증명할 수 있다. ∎

예제 4.2.1 $f(x)=\begin{cases} x, & 0\le x<1 \\ 0, & x=1\end{cases}$는 롤의 정리가 성립하지 않음을 설명하여라. ($f(x)$는 $x=1$에서 연속이 아니다.)

풀이 함수 f는 $(0,1)$에서 미분가능이고 $f(0)=0=f(1)$이지만 구간 $(0,1)$에서 $f'(x)=1$이므로 $f'(c)=0$인 c가 존재하지 않는다. 한편, f는 $[0,1]$에서 연속이 아니다. (그림 참고) ∎

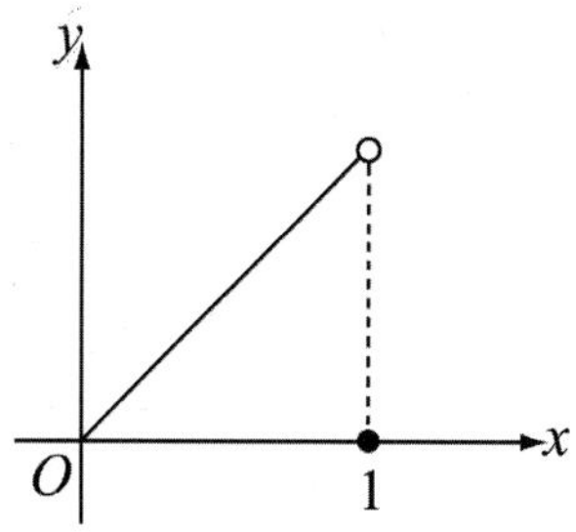

정리 4.2.2 [평균값 정리(Mean Value Theorem)]

함수 f가 $[a, b]$에서 연속이고 (a, b)에서 미분가능이면, 다음을 만족하는 c가 a와 b사이에 적어도 하나 존재한다.

$$f'(c)=\frac{f(b)-f(a)}{b-a}$$

증명 $g(x)=f(x)-f(b)-\frac{f(b)-f(a)}{b-a}(x-b)$라고 두면, 함수 g는 $[a,b]$에서 연속이고 (a,b)에서 미분가능이고 $g(a)=0=g(b)$이므로 롤의 정리에 의하여

$g'(c) = f'(c) - \dfrac{f(b)-f(a)}{b-a} = 0$인 c가 a와 b사이에 적어도 하나 존재한다. 즉,

$$f'(c) = \frac{f(b)-f(a)}{b-a}$$

인 c가 a와 b사이에 적어도 하나 존재한다. ∎

예제 4.2.2 함수 $f(x) = \ln x$에 대하여 구간 $[1,e]$에서 평균값 정리를 만족하는 c의 값을 구하여라.

풀이 $f(x) = \ln x$는 $[1,e]$에서 연속이고 $(1,e)$에서 미분가능이므로 평균값 정리에 의하여

$$f'(c) = \frac{f(e)-f(1)}{e-1}$$

을 만족하는 c가 1과 e사이에 적어도 하나 존재한다. $f'(x) = \dfrac{1}{x}$이므로 $\dfrac{1}{c} = \dfrac{1}{e-1}$이다. 따라서 $c = e-1$이다. ∎

정리 4.2.3

개구간 (a,b)에서 정의된 함수 f에 대하여 $f'(x) = 0,\ \forall\ x \in (a,b)$이면 f는 상수함수이다. 즉

$$f(x) = C,\ \forall\ x \in (a,b)$$

여기서, C는 상수이다.

증명 $x_1 < x_2$인 모든 $x_1, x_2 \in (a,b)$에 대하여 $f(x_1) = f(x_2)$이면 f는 상수함수이다. 임의의 $x_1, x_2 \in (a,b)$는 $x_1 < x_2$이라고 하자.

모든 $x \in (a, b)$에 대하여 $f'(x) = 0$이므로 f는 폐구간 $[x_1, x_2]$에서 연속이고 개구간 (x_1, x_2)에서 미분가능이므로 평균값 정리에 의해, 다음을 만족하는 $c \in (x_1, x_2)$가 존재한다.

$$f'(c) = \frac{f(x_2) - f(x_1)}{x_2 - x_1}$$

$f'(c) = 0$이므로 $f(x_2) - f(x_1) = 0$이다. 따라서 $f(x_1) = f(x_2)$이다. ∎

따름정리 4.2.4

개구간 (a, b)에서 정의된 함수 f와 g에 대하여, $f'(x) = g'(x)$, $\forall\ x \in (a, b)$이면 다음이 성립한다.

$$f(x) = g(x) + C, \ \forall\ x \in (a, b)$$

여기서, C는 상수이다.

증명 모든 $x \in (a, b)$에 대하여 $(f(x) - g(x))' = f'(x) - g'(x) = 0$이므로 $f(x) - g(x) = C$이다. 따라서

$$f(x) = g(x) + C$$

∎

✲ 연습문제 4.2 ✲

01.. 다음 함수가 주어진 구간에서 롤의 정리의 세 가지 가정을 만족하는지 확인하여라. 그리고 롤의 정리를 만족하는 c의 값을 모두 구하여라.

(1) $f(x) = 2x^2 + 4x + 1,\ [1, 3]$

(2) $f(x) = x^3 - 2x^2 - 4x + 4,\ [-2, 2]$

02.. 다음 함수가 주어진 구간에서 평균값 정리의 가정을 만족하는지 확인하여라. 그리고 평균값 정리를 만족하는 c의 값을 모두 구하여라.

(1) $f(x) = 2x^2 - 3x + 2,\ [-1, 2]$

(2) $f(x) = \dfrac{1}{x},\ [1, 4]$

4.3 그래프의 개형

정리 4.3.1

구간 I에서 미분가능함수 f에 대하여,

(1) $f'(x) > 0$, $\forall\ x \in I$이면 f는 I에서 증가함수이고,

(2) $f'(x) < 0$, $\forall\ x \in I$이면 f는 I에서 감소함수이고,

(3) $f'(x) = 0$, $\forall\ x \in I$이면 f는 I에서 상수함수이다.

증명 (1) $x_1 < x_2$인 모든 $x_1, x_2 \in I$에 대하여, f는 폐구간 $[x_1,\ x_2]$에서 연속, 개구간 $(x_1,\ x_2)$에서 미분가능이므로 평균값 정리에 의하여

$$f(x_2) - f(x_1) = f'(c)(x_2 - x_1)$$

인 c가 x_1과 x_2사이에 적어도 하나 존재한다. 한편, $x_2 - x_1 > 0$이고 $f'(c) > 0$이므로 $f(x_2) - f(x_1) > 0$이다. 따라서

$$f(x_1) < f(x_2)$$

(2)와 (3)도 (1)의 증명과 같은 방법으로 증명할 수 있다. ∎

예제 4.3.1 함수 $f(x) = 3x^4 + 4x^3 - 12x^2 + 12$가 증가하는 구간과 감소하는 구간을 구하여라.

풀이 $f'(x) = 12x^3 + 12x^2 - 24x = 12x(x+2)(x-1)$이므로

$f'(x) = 0$이면 $x = -2, 0, 1$이다. 즉, 임계수는 $-2, 0, 1$이다.

x	$\cdots$	-2	$\cdots$	0	$\cdots$	1	$\cdots$
f'	$-$		$+$		$-$		$+$
f	↘		↗		↘		↗

$-2<x<0$ 또는 $x>1$일 때 $f'(x)>0$이므로 f는 증가한다.

$x<-2$ 또는 $0<x<1$일 때 $f'(x)<0$이므로 f는 감소한다.

따라서 f의 증가구간은 $(-2,0)$과 $(1,\infty)$이고

감소구간은 $(-\infty,-2)$과 $(0,1)$이다. ∎

유제 4.3.1 $f(x)=x^3-6x^2-63x$의 증가하는 구간과 감소하는 구간을 구하여라.

예제 4.3.2 폐구간 $[0,2\pi]$에서 $f(x)=x-\sin x$의 증가하는 구간과 감소하는 구간을 구하여라.

풀이 $f'(x)=1-2\cos x$이므로 $f'(x)=0$이면 $\cos x=\dfrac{1}{2}$이고 $x=\dfrac{\pi}{3},\dfrac{5\pi}{3}$이다.

x	0	$\cdots$	$\frac{\pi}{3}$	$\cdots$	$\frac{5\pi}{3}$	$\cdots$	2π
f'		$-$		$+$		$-$	
f		↘		↗		↘	

$\dfrac{\pi}{3}<x<\dfrac{5\pi}{3}$일 때 $f'(x)>0$이므로 f는 증가한다.

$0<x<\dfrac{\pi}{3}$ 또는 $\dfrac{5\pi}{3}<x<2\pi$일 때 $f'(x)<0$이므로 f는 감소한다.

따라서 f의 증가구간은 $\left(\dfrac{\pi}{3},\dfrac{5\pi}{3}\right)$이고

감소구간은 $\left(0,\dfrac{\pi}{3}\right)$과 $\left(\dfrac{5\pi}{3},2\pi\right)$이다. ∎

유제 4.3.2 폐구간 $[0,2\pi]$에서 $f(x)=\cos x+\sin x$의 증가하는 구간과 감소하는 구간을 구하여라.

주의: 위의 예제에서 함수 f의 증가구간을 개구간 $\left(\frac{\pi}{3}, \frac{5\pi}{3}\right)$으로 나타내었지만 폐구간 $\left[\frac{\pi}{3}, \frac{5\pi}{3}\right]$으로 나타내어도 좋다. 함수 f가 연속함수이면 개구간에서의 증가는 경계까지 포함하는 폐구간에서의 증가로 확장되기 때문이다.

정리 4.3.2 [1계도함수 판정]

a가 연속함수 $f(x)$의 임계수라고 하자.

(1) f'의 부호가 a의 좌우에서 $+$에서 $-$로 변할 때, $f(x)$는 a에서 극댓값을 갖는다.

(2) f'의 부호가 a의 좌우에서 $-$에서 $+$로 변할 때, $f(x)$는 a에서 극솟값을 갖는다.

(3) f'의 부호가 a의 좌우에서 부호가 바뀌지 않으면, $f(x)$는 a에서 극댓값과 극솟값을 모두 갖지 않는다.

예제 4.3.3 함수 $f(x) = 3x^4 + 4x^3 - 12x^2 + 12$의 극댓값과 극솟값을 구하여라.

풀이 $f'(x) = 12x^3 + 12x^2 - 24x = 12x(x+2)(x-1)$이므로

$f'(x) = 0$이면 $x = -2, 0, 1$이다. 즉, 임계수는 $-2, 0, 1$이다.

x	$\cdots$	-2	$\cdots$	0	$\cdots$	1	$\cdots$
f'	$-$		$+$		$-$		$+$
f	↘	극소	↗	극대	↘	극소	↗

따라서 f의 극댓값은 $f(0) = 12$이고

극솟값은 $f(-2) = -20$과 $f(1) = 7$이다. ∎

유제 4.3.3 $f(x) = x^3 - 6x^2 - 63x$의 극댓값과 극솟값을 구하여라.

예제 4.3.4 폐구간 $[0, 2\pi]$에서 $f(x) = x - \sin x$의 극댓값과 극솟값을 구하여라.

풀이 $f'(x) = 1 - 2\cos x$이므로 $f'(x) = 0$이면 $\cos x = \frac{1}{2}$이고 $x = \frac{\pi}{3}, \frac{5\pi}{3}$이다.

x	0	$\cdots$	$\frac{\pi}{3}$	$\cdots$	$\frac{5\pi}{3}$	$\cdots$	2π
f'		$-$		$+$		$-$	
f		↘	극소	↗	극대	↘	

따라서 f의 극댓값은 $f\left(\frac{5\pi}{3}\right) = \frac{5\pi}{3} + \frac{\sqrt{3}}{2}$이고

극솟값은 $f\left(\frac{\pi}{3}\right) = \frac{\pi}{3} - \frac{\sqrt{3}}{2}$이다. ∎

유제 4.3.4 폐구간 $[0, 2\pi]$에서 $f(x) = \cos x + \sin x$의 극댓값과 극솟값을 구하여라.

예제 4.3.5 $f(x) = x^3 + x^2 - x - 1$의 증가구간과 감소구간 그리고 극댓값과 극솟값을 구하여라.

풀이 $f'(x) = 3x^2 + 2x - 1 = (3x-1)(x+1)$이므로 $f'(x) = 0$이면 $x = -1, \frac{1}{3}$이다. 즉, 임계수는 $-1, \frac{1}{3}$이다.

x	$\cdots$	-1	$\cdots$	$\frac{1}{3}$	$\cdots$
f'	$+$		$-$		$+$
f	↗	0	↘	$-\frac{32}{27}$	↗

따라서 f의 증가구간은 $(-\infty, -1)$과 $\left(\frac{1}{3}, \infty\right)$이고

감소구간은 $\left(-1, \dfrac{1}{3}\right)$이다.

그리고 f의 극댓값은 $f(-1)=0$이고 극솟값은 $f\left(\dfrac{1}{3}\right)= -\dfrac{32}{27}$이다. ∎

유제 4.3.5 $f(x)=\sqrt[3]{x^2}$의 증가구간과 감소구간 그리고 극댓값과 극솟값을 구하여라.

예제 4.3.6 $f(x)=xe^x$의 증가하는 구간과 감소하는 구간을 조사하고 극댓값과 극솟값을 구하여라.

⁂ **풀이** $f'(x)= e^x + xe^x = (1+x)e^x$이므로 임계수는 $x= -1$이다. 도함수를 이용하여 $f(x)$의 증감을 조사해 보면 다음과 같다.

x	$\cdots$	-1	$\cdots$
f'	$+$		$+$
f	↘	$-\dfrac{1}{e}$	↗

따라서 f의 증가구간은 $(-1, \infty)$이고 감소구간은 $(-\infty, -1)$이다.

그리고 f의 극댓값은 없고 극솟값은 $f(-1)= -\dfrac{1}{e}$이다. ∎

유제 4.3.6 $f(x)=x\ln x$의 증가하는 구간과 감소하는 구간을 조사하고 극댓값과 극솟값을 구하여라.

정리 4.3.3 [오목성의 판정]

(1) $f''(x)>0$, $\forall\ x\in I$이면 f는 I에서 위로 오목이고

(2) $f''(x)<0$, $\forall\ x\in I$이면 f는 I에서 아래로 오목이다.

정의 4.3.1 [변곡점]

연속함수 f가 $x=a$의 좌우에서 위로 오목에서 아래로 오목 또는 아래로 오목에서 위로 오목으로 변화할 때, 점 $(a, f(a))$을 함수 f의 **변곡점(inflection point)**이라고 한다.

정리 4.3.4 [변곡점의 판정]

f''의 부호가 a의 좌우에서 $+$에서 $-$로 변하거나 $-$에서 $+$로 변할 때, $(a, f(a))$는 f의 변곡점이다.

예제 4.3.7 함수 $f(x)=x^4+4x^3-18x^2+113$의 위로 오목과 아래로 오목을 판정하고 변곡점을 구하여라.

풀이 $f'(x)=4x^3+12x^2-36x$이고

$f''(x)=12x^2+24x-36=12(x^2+2x-3)=12(x+3)(x-1)$이므로

$f''(x)=0$이면 $x=-3, 1$이다.

x	$\cdots$	-3	$\cdots$	1	$\cdots$
f''	$+$		$-$		$+$
f	CU	-76	CD	100	CU

따라서 f의 위로 오목인 구간은 $(-\infty, -3)$와 $(1, \infty)$이고

아래로 오목인 구간은 $(-3, 1)$이다.

그리고 변곡점은 $(-3, -76)$과 $(1, 100)$이다. ∎

유제 4.3.7 $f(x)=x^3-6x^2-63x$의 위로 오목과 아래로 오목을 판정하고 변곡점을 구하여라.

정리 4.3.5 [이계도함수 판정]

함수 f가 a의 근처에서 연속인 도함수를 가진다고 하자.

(1) $f'(a)=0$이고 $f''(a)>0$이면 $f(a)$는 f의 극솟값이다.

(1) $f'(a)=0$이고 $f''(a)<0$이면 $f(a)$는 f의 극댓값이다.

예제 4.3.8 함수 $f(x)=x^3+3x^2+4$의 증가구간과 감소구간, 극댓값과 극솟값, 오목성 그리고 변곡점을 구하여라.

*** **풀이** $f'(x)=3x^2+6x=3x(x+2), f''(x)=6x+6$ 이므로

$f'(x)=0$이면 $x=-2, 0$이고, $f''(x)=0$이면 $x=-1$이다.

x	$\cdots$	-2	$\cdots$	-1	$\cdots$	0	$\cdots$
f'	$+$		$-$		$-$		$+$
f''	$-$		$-$		$+$		$+$
f	↙	8	↖	6	↖	4	↙

증가구간 : $(-\infty, -2)$, $(0, \infty)$ 감소구간 : $(-2, 0)$

극댓값 : $f(-2)=8$ 극솟값 : $f(0)=4$

위로 오목인 구간 : $(-1, \infty)$ 아래로 오목인 구간 : $(-\infty, -1)$

변곡점 : $(-1, 6)$ ∎

유제 4.3.8 함수 $f(x)=x^4-4x^3+20$의 증가구간과 감소구간, 극댓값과 극솟값, 오목성 그리고 변곡점을 구하여라.

예제 4.3.9 함수 $f(x) = \ln(x^2+1)$의 증가구간과 감소구간, 극댓값과 극솟값, 오목성 그리고 변곡점을 구하여라.

⁂ **풀이** $f'(x) = \dfrac{2x}{x^2+1}$, $f''(x) = \dfrac{2(x^2+1) - 2x \cdot 2x}{(x^2+1)^2} = \dfrac{-2(x+1)(x-1)}{(x^2+1)^2}$ 이므로

$f'(x) = 0$이면 $x = 0$이고, $f''(x) = 0$이면 $x = -1, 1$이다.

x	$\cdots$	-1	$\cdots$	0	$\cdots$	1	$\cdots$
f'	$-$		$-$		$+$		$+$
f''	$-$		$+$		$+$		$-$
f	↖	ln2	↖	0	↙	ln2	↙

증가구간 : $(0, \infty)$ 감소구간 : $(-\infty, 0)$

극댓값 : 없음 극솟값 : $f(0) = 0$

위로 오목인 구간 : $(-1, 1)$

아래로 오목인 구간 : $(-\infty, -1)$, $(1, \infty)$

변곡점 : $(-1, \ln 2)$, $(1, \ln 2)$ ∎

[그래프의 개형 그리기]

함수 $y = f(x)$의 그래프의 개형을 그리는데 필요한 기본적인 정보들은 다음과 같다.

(1) 정의역과 치역

(2) 절편

(3) 대칭성

(4) 점근선

(5) 증가구간과 감소구간

(6) 극댓값과 극솟값

(7) 오목성과 변곡점

주의 : 그래프의 개형을 그리는데 필요한 기본적인 정보들은 다음과 같이 얻을 수 있다.

(1) 정의역과 치역 :

(2) 절편

(3) 대칭성

(4) 점근선

(5) 증가구간과 감소구간

(6) 극댓값과 극솟값

(7) 오목성과 변곡점

주의 :

(1) 다음 중 적어도 하나의 식이 성립하면 직선 $x=a$는 $y=f(x)$의 수직점근선임을 알 수 있다.

$$\lim_{x\to a} f(x)=\infty, \quad \lim_{x\to a^-} f(x)=\infty, \quad \lim_{x\to a^+} f(x)=\infty,$$

$$\lim_{x\to a} f(x)=-\infty, \quad \lim_{x\to a^-} f(x)=-\infty, \quad \lim_{x\to a^+} f(x)=-\infty$$

(2) 다음 중 하나의 식이 성립하면 직선 $y=L$은 $y=f(x)$의 수평점근선임을 알 수 있다.

$$\lim_{x\to \infty} f(x)=L, \quad \lim_{x\to -\infty} f(x)=L$$

예제 4.3.10 $f(x)=x(x-4)^3$의 그래프의 개형을 그리는데 필요한 기본적인 정보들을 구하고, 그래프의 개형을 그려라.

풀이 (1) 정의역 : 모든 실수들의 집합

(2) x절편 : 0, 4 y절편 : 0

(3) 대칭성은 없음

(4) 점근선은 없음

$f'(x)=(x-4)^3+3x(x-4)^2=4(x-1)(x-4)^2$이므로

$f'(x)=0$이면 $x=1,4$이다.

$f''(x)=4(x-4)^2+8(x-1)(x-4)=12(x-2)(x-4)$이므로

$f''(x) = 0$이면 $x = 2, 4$이다.

x	$\cdots$	1	$\cdots$	2	$\cdots$	4	$\cdots$
f'	$-$		$+$		$+$		$+$
f''	$+$		$+$		$-$		$+$
f	↖	-27	↙	-8	↙	0	↙

(5) 증가구간 : $(1, \infty)$ 감소구간 : $(-\infty, 1)$

(6) 극댓값 : 없음 극솟값 : $f(1) = -27$

(7) 위로 오목인 구간 : $(-\infty, 2)$, $(4, \infty)$

아래로 오목인 구간 : $(2, 4)$

변곡점 : $(2, -8)$, $(4, 0)$

(8) 그래프의 개형은 다음과 같다.

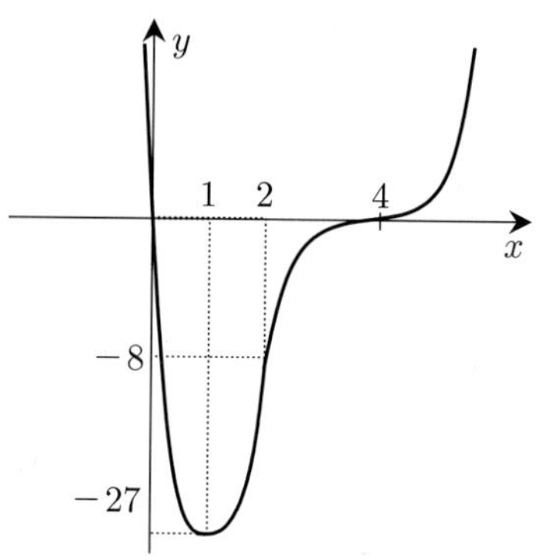

∎

유제 4.3.10 $f(x) = 3x^5 - 5x^3 + 1$의 극댓값과 극솟값, 오목성, 변곡점을 조사하여 곡선의 개형을 그리시오.

예제 4.3.11 $f(x) = \dfrac{1}{x^2+1}$의 증가구간과 감소구간, 극댓값과 극솟값, 오목성 그리고 변곡점을 구하고, 그래프의 개형을 그려라.

풀이 (1) 정의역 : 모든 실수들의 집합

(2) x절편 : 없음 y절편 : 1

(3) $f(-x)=\dfrac{1}{(-x)^2+1}=\dfrac{1}{x^2+1}=f(x)$이므로 y축에 대칭이다.

(4) $\lim\limits_{x\to\pm\infty}\dfrac{1}{x^2+1}=0$이므로 직선 $y=0(x$축)는 수평점근선이다.

$f'(x)=\dfrac{-2x}{(x^2+1)^2}$이므로 $f'(x)=0$이면 $x=0$이다.

$f''(x)=-\dfrac{2(x^2+1)^2-2x\cdot\ 2(x^2+1)\cdot\ 2x}{(x^2+1)^4}=\dfrac{2(3x^2-1)}{(x^2+1)^3}$이므로

$f''(x)=0$이면 $x=\pm\dfrac{1}{\sqrt{3}}$이다.

x	$\cdots$	$-\frac{1}{\sqrt{3}}$	$\cdots$	0	$\cdots$	$\frac{1}{\sqrt{3}}$	$\cdots$
f'	$+$		$+$		$-$		$-$
f''	$+$		$-$		$-$		$+$
f	↗(아래로 볼록)	$\frac{3}{4}$	↗(위로 볼록)	1	↘(위로 볼록)	$\frac{3}{4}$	↘(아래로 볼록)

(5) 증가구간 : $(-\infty, 0)$ 감소구간 : $(0, \infty)$

(6) 극댓값 : $f(0)=1$ 극솟값 : 없음

(7) 위로 오목인 구간 : $\left(-\infty, -\dfrac{1}{\sqrt{3}}\right), \left(\dfrac{1}{\sqrt{3}}, \infty\right)$

아래로 오목인 구간 : $\left(-\dfrac{1}{\sqrt{3}}, \dfrac{1}{\sqrt{3}}\right)$

변곡점 : $\left(-\dfrac{1}{\sqrt{3}}, \dfrac{3}{4}\right), \left(\dfrac{1}{\sqrt{3}}, \dfrac{3}{4}\right)$

(8) 그래프의 개형은 다음과 같다.

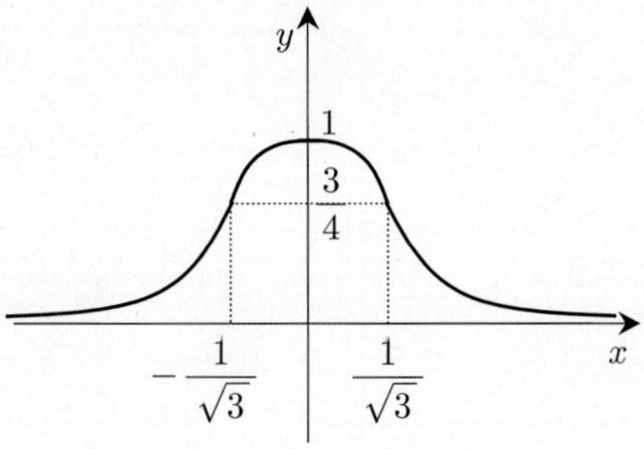

■

유제 4.3.11 $f(x) = \dfrac{x}{x^2+1}$의 극댓값과 극솟값, 오목성, 변곡점을 조사하여 곡선의 개형을 그리시오.

✲ 연습문제 4.3 ✲

01.. 다음 함수 f의 증가 또는 감소하는 구간을 구하고, 극댓값과 극솟값을 구하여라.

(1) $f(x)=2x^3-15x^2+24x-5$

(2) $f(x)=\dfrac{x^2-24}{x-5}$

02.. 다음 함수 f의 오목구간과 변곡점을 구하여라.

(1) $f(x)=\dfrac{x}{x^2+1}$

(2) $f(x)=xe^x$

03.. 다음 함수 f의 극댓값과 극솟값, 오목성, 변곡점을 조사하여 곡선의 개형을 그려라.

(1) $f(x)=x^4-8x^2+8$

(2) $f(x)=x(x-4)^3$

04.. 함수 $f(x)=2\cos x+x$에 대하여 다음을 구하여라.

(1) $0\le x\le 2\pi$에서 증가하는 구간과 감소하는 구간을 구하여라.

(2) $0\le x\le 2\pi$에서 극댓값과 극솟값을 구하여라.

(3) $0\le x\le 2\pi$에서 위로 오록인 구간과 아래로 오목인 구간을 구하고 변곡점을 구하여라.

05.. 함수 $f(x) = \ln(x^2+1)$에 대하여 다음을 구하여라.

(1) 증가하는 구간과 감소하는 구간을 구하여라.

(2) 극댓값과 극솟값을 구하여라.

(3) 위로 오목인 구간과 아래로 오목인 구간을 구하고 변곡점을 구하여라.

4.4 최댓값과 최솟값

4.1절에서 소개한 최댓값과 최솟값의 정의와 극값 정리를 한 번 더 소개하면 다음과 같고, 이 절에는 폐구간에서 연속인 함수에 대한 최댓값과 최솟값을 구한 것으로부터 함수의 최댓값과 최솟값을 구하는 문제에 대하여 살펴보고자 한다.

정의 4.4.1 [최대와 최소]

함수 $f(x)$의 정의역이 D이고 $a \in D$이라고 하자.

(1) 모든 $x \in D$에 대하여 $f(a) \geq f(x)$이면

- $f(a)$를 D에서 f의 **최댓값(maximum value)**이라 하고,
- f는 a에서 **최대(absolute maximum)**라고 한다.

(2) 모든 $x \in D$에 대하여 $f(a) \leq f(x)$이면

- $f(a)$를 D에서 f의 **최솟값(minimum value)**이라 하고,
- f는 a에서 **최소(absolute minimum)**라고 한다.

(3) f의 최댓값과 최솟값을 f의 **극값(extreme values)**이라고 한다.

정리 4.4.1 [극값정리]

함수 f가 폐구간 $[a, b]$에서 연속이면 f는 $[a, b]$에서 최댓값과 최솟값을 가진다. 즉, $f(c)$는 최솟값이고 $f(d)$는 최댓값인 $c, d \in [a, b]$가 존재한다.

$$f(c) \leq f(x) \leq f(d), \ \forall \ x \in [a, b]$$

주의: 함수 f가 폐구간 $[a, b]$에서 연속이면 f의 그래프는 경계점 $(a, f(a))$를 출발하여 증가와 감소를 반복한다. 따라서 폐구간 $[a, b]$에서 연속인 함수 f의 최댓값과 최솟값은 다음과 같은 경우에 발생한다.

(1) 출발점의 y좌표 $f(a)$과 끝점의 y좌표 $f(b)$

(2) 증가에서 감소로 또는 감소에서 증가로 바뀌는 점의 y좌표

⇒ 극댓값과 극솟값 ⇒ 임계수의 함숫값

최댓값과 최솟값 구하기 1

함수 f가 폐구간 $[a, b]$에서 연속일 때

(1) $f(a)$와 $f(b)$를 구한다.

(2) $(a,\ b)$내의 f의 임계수를 찾고, 그 함숫값을 구한다.

(3) (1), (2)에서 구한 값 중에 가장 큰 값이 최댓값이고 가장 작은 값이 최솟값

예제 4.4.1 다음 각 함수의 최댓값과 최솟값을 구하여라.

(1) $f(x) = 2x^3 - 3x^2 + 3,\ -1 \le x \le 3$

(2) $f(x) = (x^2 - 3)e^x,\ -2 \le x \le 2$

풀이 (1) $f'(x) = 6x^2 - 6x = 6x(x-1)$이므로

$f'(x) = 0$에서 구간 $(-1,3)$내의 임계수를 구하면 $x = 0, 1$이다.

$$f(0) = 3, f(1) = 2, f(-1) = -2, f(3) = 30$$

이므로 최댓값은 30이고 최솟값은 -2이다.

(2) $f'(x) = (x^2 + 2x - 3)e^x = (x+3)(x-1)e^x$이므로

$f'(x) = 0$에서 구간 $(-2,2)$내의 임계수를 구하면 $x = 1$이다.

$$f(1) = -2e, f(-2) = e^{-2}, f(2) = e^2$$

이므로 최댓값은 e^2이고 최솟값은 $-2e$이다. ∎

유제 4.4.1 다음 각 함수의 최댓값과 최솟값을 구하여라.

(1) $f(x) = x^4 - 8x^2 + 10,\ -2 \le x \le 4$

(2) $f(x) = x^2 e^{-x},\ -1 \le x \le 3$

최댓값과 최솟값 구하기 2

함수 f가 구간 I에서 미분가능이고 c가 유일한 임계수일 때,

(1) f'의 부호가 c에서 양에서 음으로 변하면 $f(c)$는 최댓값

(2) f'의 부호가 c에서 음에서 양으로 변하면 $f(c)$는 최솟값

예제 4.4.2 함수 $f(x)=x^4+2x^2-2$의 최솟값을 구하여라.

풀이 $f'(x)=4x^3+4x=4x(x^2+1)$이므로 0이 유일한 임계수이다.

$x<0$이면 $f'(x)<0$이고, $x>0$이면 $f'(x)>0$이므로

$f(0)=-2$는 최솟값이다. ■

유제 4.4.2 함수 $f(x)=\dfrac{1}{x^2+1}$의 최댓값을 구하여라.

예제 4.4.3 가로 15㎝, 세로 8㎝인 직사각형 모양의 양철판의 네 귀퉁이를 같은 크기의 정사각형을 잘라내고 나머지 부분을 접어 상자를 만들려고 한다. 이 상자의 부피가 최대가 되도록 하려면 잘라내는 정사각형의 한 변의 길이를 구하여라.

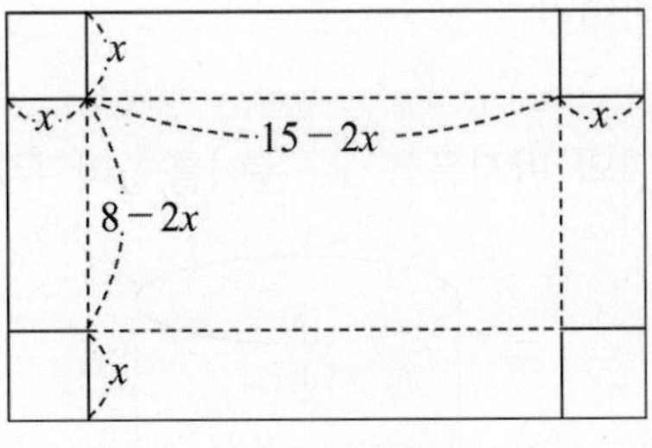

풀이 위의 그림과 같이 정사각형의 잘라낸 한 변의 길이를 x라 두면

$0<x$, $0<15-2x$, $0<8-2x$이므로 $0<x<4$이고 부피

$$V(x) = (15-2x)(8-2x)x = 2(2x^3 - 23x^2 + 60x),\ 0 < x < 4$$

이다.

$$V'(x) = 2(6x^2 - 46x + 60) = 4(3x-5)(x-6)$$

이므로 $0 < x < \frac{5}{3}$이면 $f'(x) > 0$이고, $\frac{5}{3} < x < 4$이면 $f'(x) < 0$이다.

따라서 $x = \frac{5}{3}$일 때, $V\left(\frac{5}{3}\right) = \frac{2450}{27}$는 최댓값이다. ∎

유제 4.4.3 포물선 $x^2 + 4y^2 = 4$ 위의 점들 중에서 점 $(0, 1)$에서 가장 먼 점을 찾으시오.

최댓값과 최솟값 구하기 3

함수 f가 구간 I에서 미분가능이고 c가 유일한 임계수일 때,

(1) $f''(c) < 0$이면 $f(c)$는 최댓값

(2) $f''(c) > 0$이면 $f(c)$는 최솟값

예제 4.4.4 겉넓이가 일정한 원기둥 중에서 부피가 최대인 것의 밑면의 반지름과 높이의 비를 구하여라.

풀이 그림과 같이 밑면의 반지름을 x, 높이를 y라 두자.

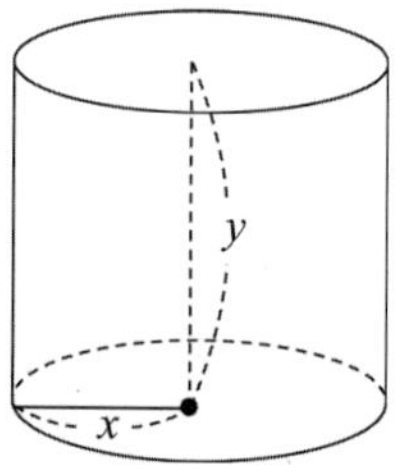

이때 겉넓이를 일정한 값 $2\pi a^2$이라 두자 (단 $a > 0$). 겉넓이가

$$2\pi x^2 + 2\pi xy = 2\pi a^2$$

이므로

$$y = \frac{a^2 - x^2}{x}$$

또한 $x, y > 0$이므로 x의 범위는 $0 < x < a$이다. 부피는

$$V(x) = \pi x^2 y = \pi x (a^2 - x^2), \ 0 < x < a$$

이다.

$$V'(x) = \pi(a^2 - 3x^2)$$

이므로 $x = \dfrac{a}{\sqrt{3}}$가 $0 < x < a$에서 유일한 임계수이다.

$$V''(x) = -6\pi x$$

이고 $V''\left(\dfrac{a}{\sqrt{3}}\right) < 0$이므로 $V\left(\dfrac{a}{\sqrt{3}}\right) = \dfrac{2\pi}{3\sqrt{3}} a^3$는 최댓값이다.

$x = \dfrac{a}{\sqrt{3}}$이면 $y = \dfrac{a^2 - x^2}{x} = \dfrac{2}{\sqrt{3}} a$이다.

따라서 반지름과 높이의 비가 $1:2$일 때, 원기둥의 부피가 최대이다. ∎

유제 4.4.4 부피가 $32{,}000 cm^2$인 뚜껑이 없는 직육면체 형태의 상자가 있다. 이 상자의 겉넓이가 최소가 될 때의 가로, 세로, 높이의 길이를 구하여라.

✲ 연습문제 4.4 ✲

01.. 다음 함수의 주어진 구간에서 최댓값과 최솟값을 구하여라.

(1) $f(x) = x^3 - 12x + 5,\ [0, 3]$

(2) $f(x) = (x^2 - 1)^3,\ [-2, 3]$

(3) $f(x) = x + \dfrac{1}{x},\ \left[\dfrac{1}{2}, 4\right]$

(4) $f(x) = \dfrac{e^x}{1 + x^2},\ [0, 3]$

(5) $f(x) = \ln(x^2 + x + 1),\ [-1, 1]$

(6) $f(x) = \dfrac{\ln x}{x},\ \left[\dfrac{1}{2}, 4\right]$

02.. 둘레의 길이가 $10m$이고 넓이가 최대가 되는 직사각형의 가로와 세로의 길이를 구하여라.

03.. $(4, 0)$과 가장 가까운 곡선 $y = \sqrt{x}$ 위의 점을 구하여라.

04.. 직사각형의 밑변이 x축 위에 있고 위 두 꼭짓점이 포물선 $y = 4 - x^2$에 있다. 이 직사각형 넓이의 최댓값을 구하여라.

05.. 원기둥이 반지름이 r인 구에 내접해 있다. 이 원기둥의 최대 겉넓이를 구하여라.

4.5 속도와 가속도

정의 4.5.1 [속도와 가속도]

수직선 위를 움직이는 점 P의 t초 후의 위치를 $y=f(t)$라 하고 t에서 $t+\Delta t$까지 변화에 따른 P의 위치의 변화를 Δy라고 하자.

(1) 다음을 t에서 $t+\Delta t$까지 P의 **평균속도(average velocity)**라고 한다.

$$\frac{\Delta y}{\Delta t}=\frac{f(t+\Delta t)-f(t)}{\Delta t}$$

(2) 다음을 t에서 **순간속도** 또는 **속도(velocity)**라고 한다.

$$v(t)=\lim_{\Delta t\to 0}\frac{\Delta y}{\Delta t}=\lim_{\Delta t\to 0}\frac{f(t+\Delta t)-f(t)}{\Delta t}$$

(3) 속도의 절댓값 $|v(t)|$을 **속력(speed)**이라고 한다.

(4) 다음을 **가속도(acceleration)**라고 한다.

$$a(t)=\frac{dv}{dt}=\frac{d^2f}{dt^2}$$

예제 4.5.1 지상에서 처음 속도 $v_0(m/s)$로 똑바로 던져 올린 물체의 t초 후의 높이를 $y=v_0t-4.9t^2$라 하고 $v_0=2,\ t=3$일 때, 속도와 가속도를 구하여라.

*** **풀이** $v(t)=v_0-9.8t,\ a(t)=-9.8$이므로 $v_0=2,\ t=3$일 때 속도는

$$v(3)=2-(9.8)(3)=-27.4(m/s)$$

이고 가속도는 다음과 같다.

$$a(3)=-9.8(m/s^2)$$ ▮

예제 4.5.2 수직선 위를 움직이는 물체의 위치가 다음과 같이 주어져 있다.

$$s=f(t)=t^3-9t^2+15t$$

다음 물음에 답하여라. (여기서, t의 단위는 sec이고 s의 단위는 m이다.)

(1) $t=2$일 때, 속도와 가속도를 구하여라.

(2) 물체가 정지할 때의 시간과 위치를 구하여라.

(3) $0 \le t \le 6$에서 물체의 움직인 거리를 구하여라.

(4) $0 \le t \le 6$에서 속력이 가장 큰 시간을 구하여라.

*** **풀이** (1) $v(t)=f'(t)=3t^2-18t+15=3(t^2-6t+5)=3(t-1)(t-5)$이고

$a(t)=f''(t)=6t-18=6(t-3)$이므로

$v(6)=15m/\sec$이고 $a(6)=15m/\sec^2$이다.

(2) $v(t)=0$일 때, 물체가 정지하므로 $t=1,5$이다.

$t=1$일 때, 위치는 $s=f(1)=7m$이고

$t=5$일 때, 위치는 $s=f(5)=-25m$이다.

(3) $f(6)=-18$이다.

$0 \le t \le 1$일 때, 속도가 양이므로 움직인 거리는 $7m$이다.

$0 \le t \le 5$일 때, 속도가 음이므로 움직인 거리는 $32m$이다.

$5 \le t \le 6$일 때, 속도가 양이므로 움직인 거리는 $7m$이다.

따라서 총 움직인 거리는 $46m$이다.

(4) $t=3$일 때, $a(t)=v'(t)=0$이다.

속력은 속도의 절댓값이고 $v(0)=15, v(3)=-18, v(6)=15$이므로

$t=3$일 때, 속력이 가장 크다. ∎

유제 4.5.2 수직선 위를 움직이는 물체의 위치가 다음과 같이 주어져 있다.

$$s=f(t)=-t^3+7t^2-24t$$

다음 물음에 답하여라. (여기서, t의 단위는 sec이고 s의 단위는 m이다.)

(1) $t=2$일 때, 속도와 가속도를 구하여라.

(2) 물체가 정지할 때의 시간을 구하여라.

(3) $4 \le t \le 8$에서 물체의 움직인 거리를 구하여라.

예제 4.5.3 원점을 중심으로 반지름이 1인 원주 위를 점 $(1,\ 0)$에서 시작하여 반시계방향으로 일정한 각속도 $\theta(rad/s)$로 움직이는 점 P가 있다. 이 점 P에서 x축에 대린 수선의 발을 Q라고 할 때,

(1) 점 Q의 x좌표를 t의 함수 $x(t)$로 나타내어라.

(2) 점 Q의 x좌표의 속도와 가속도를 구하여라.

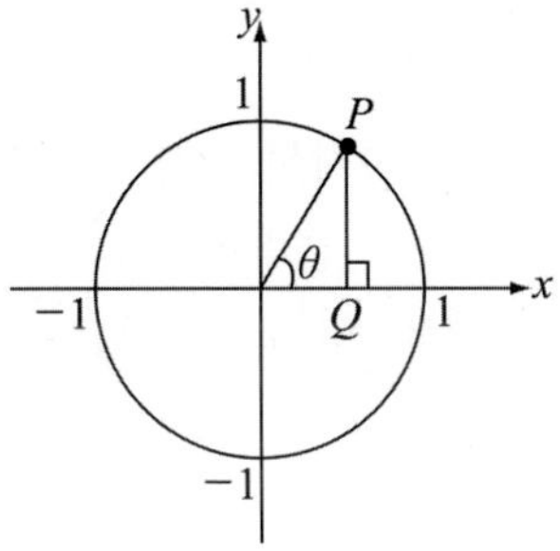

풀이 (1) t초 후의 P의 좌표는 $(\cos\theta t, \sin\theta t)$이고 점 Q의 좌표는 $(\cos\theta t, 0)$이다. 따라서 $x(t) = \cos\theta t$이다.

(2) 점 Q의 x좌표의 속도는 $v(t) = x'(t) = -\theta\sin\theta t$이고

가속도는 $a(t) = v'(t) = -\theta^2\cos\theta t$이다. ∎

✲ 연습문제 4.5 ✲

01.. 수직선 위를 움직이는 물체의 위치가 다음과 같이 주어져 있다.

$$s = f(t) = t^4 - 4t^3 + 6t^2 - 4$$

다음 물음에 답하여라. (여기서, t의 단위는 sec이고 s의 단위는 m이다.)

(1) $t = 2$일 때, 속도와 가속도를 구하여라.

(2) 물체가 정지할 때의 시간을 구하여라.

(3) $0 \le t \le 3$에서 물체의 움직인 거리를 구하여라.

02.. 공을 $24.5m/\sec$의 속도로 수직으로 위를 향하게 던지면 t초 후의 위치는 $s = f(t) = 24.5t - 4.9t^2\,(m)$이다.

다음 물음에 답하여라. (여기서, t의 단위는 sec이고 s의 단위는 m이다.)

(1) $t = 1$일 때, 속도와 가속도를 구하여라.

(2) 물체가 도달하는 최고의 높이를 구하여라.

(3) 땅에 떨어질 때, 속도를 구하여라.

05

함수의 적분법

5.1 정적분

5.2 부정적분

5.3 미분적분학의 기본정리

5.4 치환적분

5.5 부분적분

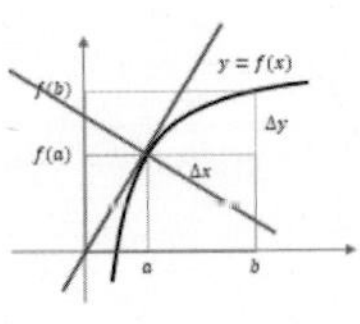

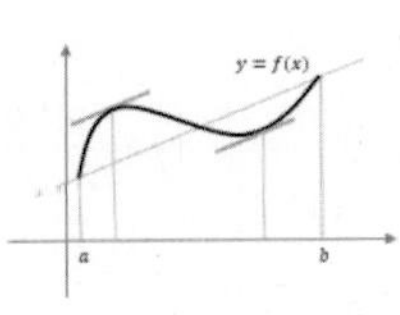

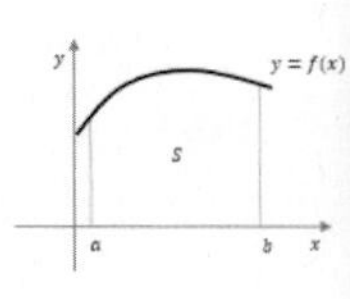

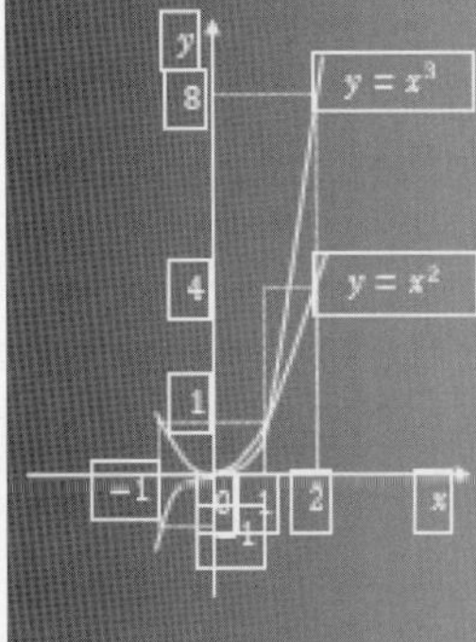

5.1 정적분

※ 구분구적법

곡선과 직선으로 둘러싸인 영역의 넓이를 구하는 방법에 대하여 생각을 해보자. 아래 그림과 같이 함수 $y = x^2$과 $x = 0$, $x = 1$과 x축으로 둘러싸인 영역의 넓이 S를 구하는 방법에 대하여 생각해 보자.

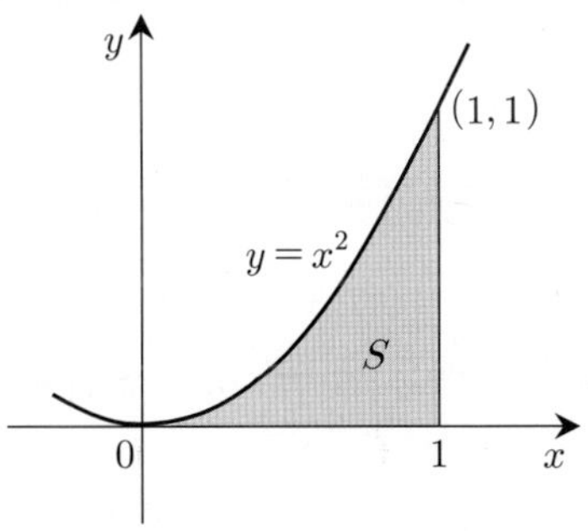

구간 $[0,1]$을 2등분하여 소구간 $\left[0, \frac{1}{2}\right]$, $\left[\frac{1}{2}, 1\right]$의 오른쪽 끝점의 함숫값을 높이로 가지는 2개의 직사각형의 넓이의 합을 R_2라 하고, S와의 관계를 생각해보자. 다음 그림에서 $S < R_2$임을 알 수 있다. 이번에는 구간 $[0,1]$을 4등분하여 소구간 $\left[0, \frac{1}{4}\right]$, $\left[\frac{1}{4}, \frac{2}{4}\right]$, $\left[\frac{2}{4}, \frac{3}{4}\right]$, $\left[\frac{3}{4}, 1\right]$의 오른쪽 끝점의 함숫값을 높이로 가지는 4개의 직사각형의 넓이의 합을 R_4라 하고, S와 R_2, R_4의 관계를 생각해 보자.

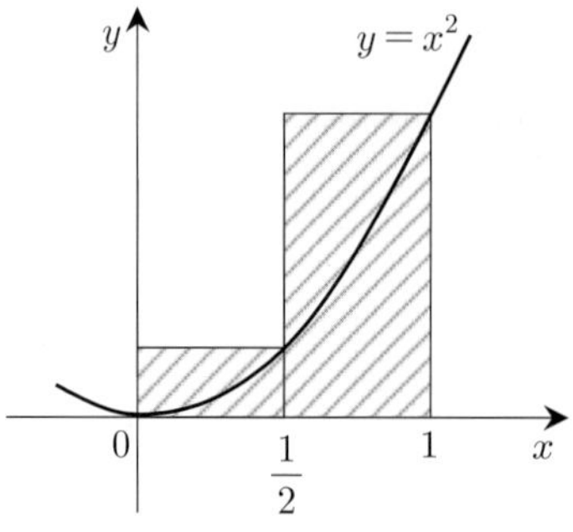

R_2

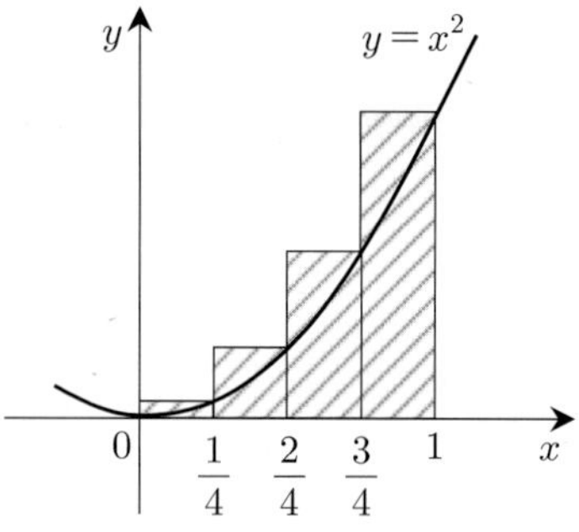

R_4

$S < R_4 < R_2$이다. 구간을 n개로 나누어 같은 작업을 해서 얻는 직사각형의 넓이의 합을 R_n이라 하면 $S < R_n < \cdots < R_4 < R_2$라는 부등식을 얻는다.

비슷한 방법으로 구간 $[0,1]$을 2등분한 소구간 $\left[0,\frac{1}{2}\right]$, $\left[\frac{1}{2},1\right]$의 왼쪽 끝점의 함숫값을 높이로 가지는 2개의 직사각형의 넓이의 합을 L_2라 하고, S와의 관계를 생각해보자. 다음 그림의 왼쪽 그림을 보면 $L_2 < S$임을 알 수 있다. 이번에는 구간 $[0,1]$을 4등분하여 소구간 $\left[0,\frac{1}{4}\right]$, $\left[\frac{1}{4},\frac{2}{4}\right]$, $\left[\frac{2}{4},\frac{3}{4}\right]$, $\left[\frac{3}{4},1\right]$의 오른쪽 끝점의 함숫값을 높이로 가지는 4개의 직사각형의 넓이의 합을 L_4라 하고, S와 L_2와의 관계를 생각해 보자. 그러면 $L_2 < L_4 < S$이다.

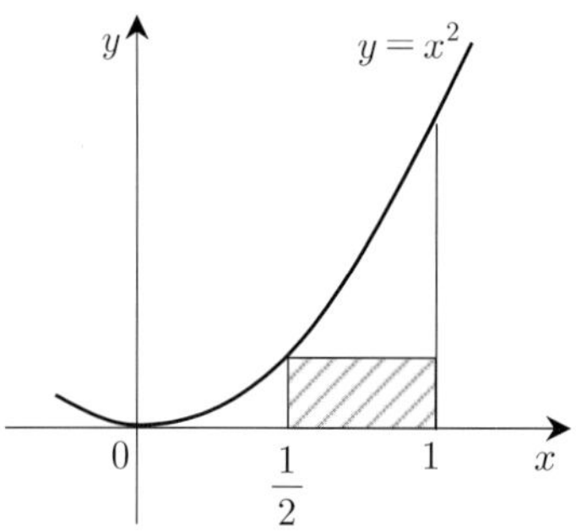

L_2

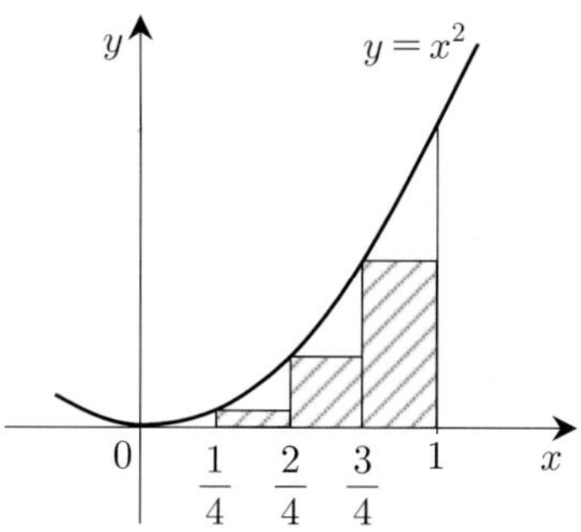

L_4

구간을 n개로 나누어 같은 작업을 해서 얻는 직사각형의 넓이의 합을 L_n이라 하면 $L_2 < L_4 < \cdots < L_n < S$라는 부등식을 얻는다. 따라서

$$L_n < S < R_n$$

의 부등식을 얻을 수 있고 L_n과 R_n은 n이 한없이 커지면 점점 S에 가까워짐을 알 수 있다.

L_n을 구해보자. 구간 $[0,1]$을 n등분 하면 직사각형 가로의 길이가 $\frac{1-0}{n}$이고 직사각형의 함숫값은 차례로 $\left(\frac{0}{n}\right)^2, \left(\frac{1}{n}\right)^2, \cdots, \left(\frac{n-1}{n}\right)^2$ 이므로

$$L_n = \sum_{i=1}^{n} \frac{1}{n}\left(\frac{i-1}{n}\right)^2 = \frac{n(n-1)(2n-1)}{6n^3}$$

이다. $\lim_{n\to\infty} L_n = \frac{1}{3}$이다. 비슷한 방법으로

$$R_n = \sum_{k=1}^{n} \frac{1}{n}\left(\frac{i}{n}\right)^2 = \frac{n(n+1)(2n+1)}{6n^3}$$

이고 $\lim_{n\to\infty} R_n = \frac{1}{3}$ 이다. 즉 $S=\frac{1}{3}$이 됨을 알 수 있다. 한수 $y=f(x)$가 연속이고 $\lim_{n\to\infty} L_n$또는 $\lim_{n\to\infty} R_n$이 존재하면

$$\lim_{n\to\infty} L_n = \lim_{n\to\infty} R_n$$

이고 그 값이 도형의 넓이가 된다.

평면도형뿐만 아니라 입체도형에서도 이와 같이 도형을 n개로 나누어 이 n개의 도형의 넓이의 합 또는 부피의 합을 구하여 그 극한값으로 평면도형의 넓이 또는 입체도형의 부피를 구하는 방법을 **구분구적법**이라 한다.

앞의 예제에서 넓이를 구한 방법을 일반화하여 생각해 보자.

정의 5.1.1 [정적분]

f가 폐구간 $[a,b]$에서 정의된 연속함수라고 하자.

폐구간 $[a,b]$를 동일한 폭 $\Delta x = \dfrac{b-a}{n}$을 갖는 n개의 부분구간으로 나누고 구간의 끝점을 $x_0(=a), x_1, x_2, \cdots, x_n(=b)$라고 두면

$$x_i = a + i \cdot \Delta x = a + \frac{b-a}{n} i,\ i = 0, 1, 2, \cdots, n$$

각각의 $k = 1, 2, \cdots, n$에 대하여, x_k^*는 구간 $[x_{k-1}, x_k]$의 임의의 점이라고 하자. 즉

$$x_k^* \in [x_{k-1}, x_k],\ k = 1, 2, \cdots, n$$

이때, n이 점점 커져갈 때, $\sum_{k=1}^{n} f(x_k^*)\Delta x$의 극한은 항상 일정한 값에 수렴한다. 그 극한값을 a에서 b까지의 f의 **정적분(definite integral)**이라 하고, 기호로 $\int_a^b f(x)dx$로 나타낸다. 즉

$$\int_a^b f(x)dx = \lim_{n \to \infty} \sum_{k=1}^{n} f(x_k^*)\Delta x$$

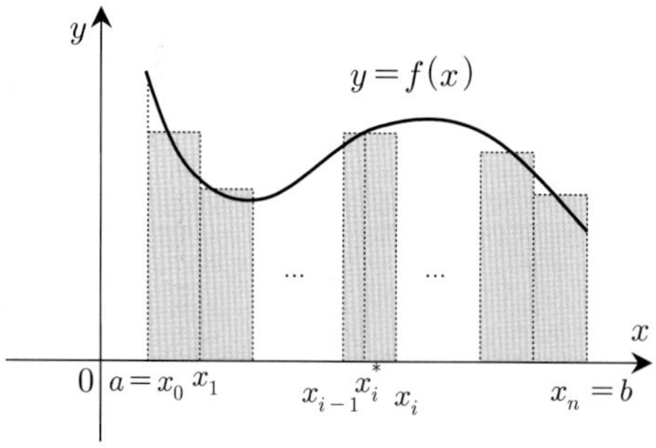

주의 : (1) 적분 기호는 라이프니츠가 고안한 방법이다. S를 늘여 놓은 형태이며, 적분은 합의 극한이기 때문에 이 기호를 사용하였다.

(2) 정적분의 정의에서의 합 $\sum_{i=1}^{n} f(x_i^*)\Delta x$을 독일 수학자 리만의 이름을 따서 리만합이라 부른다.

(3) 정적분 $\int_a^b f(x)dx$는 하나의 수이기 때문에 이 수는 x에 독립적이다. 즉,

$$\int_a^b f(x)dx = \int_a^b f(t)dt = \int_a^b f(y)dy$$

(4) 정적분이 존재하면 정적분의 극한은 구간 $[x_{k-1}, x_k]$의 x_k^*가 구간 내의 어떤 점으로 선택되든지 일정한 값으로 수렴한다는 것을 뜻한다. 따라서 정적분이 존재하면 구간 $[x_{k-1}, x_k]$에서 어떤 x_k^*를 선택하든지 극한은 같다. 즉, 정적분이 존재하면

$$\begin{aligned}\int_a^h f(x)dx &= \lim_{n\to\infty}\sum_{k=1}^{n} f(x_k)\Delta x \\ &= \lim_{n\to\infty}\sum_{k=1}^{n} f(x_{k-1})\Delta x \\ &= \lim_{n\to\infty}\sum_{k=1}^{n} f\left(\frac{x_{k-1}+x_k}{2}\right)\Delta x\end{aligned}$$

함수 f가 폐구간 $[a, b]$에서 연속함수이면 정적분의 정의에서 극한은 구간 $[x_{k-1}, x_k]$에서 x_k^*의 선택에 관계없이 일정한 값에 수렴한다.

예제 5.1.1 폐구간 $[0, \pi]$에서 다음 극한을 정적분으로 표현하여라.

$$\lim_{n\to\infty}\sum_{k=1}^{n}\left(\left(\frac{\pi k}{n}\right)^3 + \left(\frac{\pi k}{n}\right)\cos\left(\frac{\pi k}{n}\right)\right)\frac{\pi}{n}$$

*** **풀이** 함수 $f(x) = x^3 + x\cos x$와 $\Delta x = \frac{\pi}{n}$로 두면 $x_i = 0 + \frac{\pi - 0}{n}i = \frac{\pi i}{n}$, $i = 0, 1, 2, \cdots, n$이고 $x_k^* = x_k = \frac{\pi i}{n}$일 때,

$$\lim_{n\to\infty}\sum_{k=1}^{n}\left(\left(\frac{\pi k}{n}\right)^3+\left(\frac{\pi k}{n}\right)\cos\left(\frac{\pi k}{n}\right)\right)\frac{\pi}{n}=\lim_{n\to\infty}\sum_{k=1}^{n}\left((x_k^*)^3+x_k^*\cos x_k^*\right)\frac{\pi}{n}$$

$$=\lim_{n\to\infty}\sum_{k=1}^{n}f(x_k^*)\Delta x=\int_0^{\pi}f(x)dx$$

$$=\int_0^{\pi}(x^3+x\cos x)dx$$ ∎

유제 5.1.1 폐구간 $[0,2]$에서 다음 극한을 정적분으로 표현하여라.

$$\lim_{n\to\infty}\sum_{k=1}^{n}\left(\frac{2k}{n}+\ln k+\ln 2-\ln n\right)\frac{2}{n}$$

예제 5.1.2 $f(x)=4,\ 1\le x\le 3$이면 $\int_1^3 f(x)\,dx=8$임을 설명하여라.

풀이 $\Delta x=\dfrac{3-1}{n}=\dfrac{2}{n}\ (i=1,2,\dots,n)$이고 $x_k^*\in[x_{k-1},x_k]$ 이면 $f(x)=4$ 이므로 $f(x_i^*)=4$이다. 따라서

$$\int_1^3 f(x)dx=\lim_{n\to\infty}\sum_{k=1}^{n}f\left(x_k^*\right)\Delta x=\lim_{n\to\infty}\sum_{i=1}^{n}4\cdot\frac{2}{n}=\lim_{n\to\infty}\left(4n\cdot\frac{2}{n}\right)=8$$ ∎

주의: 위의 예제에서 알 수 있듯이 $\int_a^b c\,dx=c(b-a)$이다.

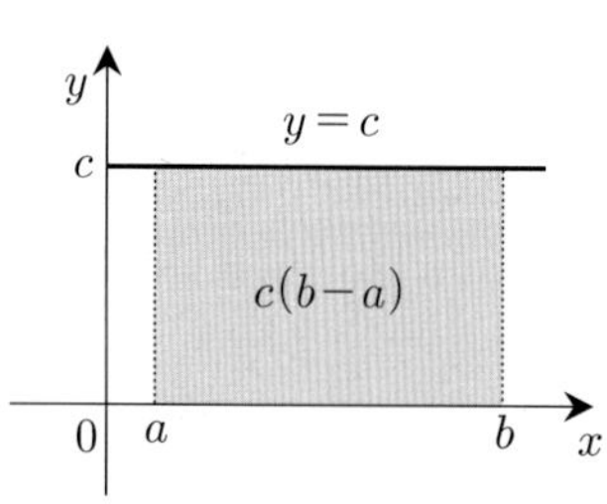

정적분을 극한의 계산으로 구하기 위하여 필요한 자연수의 합에 대한 간단한 공식을 소개한다.

정리 5.1.1

자연수 n에 대하여

(1) $\sum_{k=1}^{n} 1 = n$　　(2) $\sum_{k=1}^{n} k = \frac{n(n+1)}{2}$

(3) $\sum_{k=1}^{n} k^2 = \frac{n(n+1)(2n+1)}{6}$　　(4) $\sum_{k=1}^{n} k^3 = \left[\frac{n(n+1)}{2}\right]^2$

증명 수학적 귀납법으로 증명이 가능하지만 증명은 생략한다. ■

예제 5.1.3 $\int_0^1 x^2\,dx$ 를 정적분의 정의로 구하여라.

풀이 $f(x)=x^2$와 $\Delta x = \frac{1-0}{n} = \frac{1}{n}$, $i=1, 2, \cdots, n$이고 $x_k^* = x_k = \frac{k}{n}$ 라고 두면

$$\begin{aligned}\int_0^1 x^2\,dx &= \lim_{n\to\infty}\sum_{k=1}^{n} f(x_k^*)\Delta x \\ &= \lim_{n\to\infty}\sum_{i=1}^{n}\left(\frac{k}{n}\right)^2\frac{1}{n} = \lim_{n\to\infty}\frac{1}{n^3}\sum_{i=1}^{n}k^2 \\ &= \lim_{n\to\infty}\frac{1}{n^3}\left(\frac{n(n+1)(2n+1)}{6}\right) = \frac{1}{3}\end{aligned}$$ ■

유제 5.1.3 $\int_0^1 (x+1)^3\,dx$ 를 정적분의 정의로 구하여라.

[정적분의 의미]

폐구간 $[a,b]$에서 연속함수 f가 $f(x) \geq 0$이면, 정적분 $\int_a^b f(x)dx$는 곡선 f와 직선 $x=a$, $x=b$와 x축으로 둘러싸인 영역의 넓이를 의미한다.

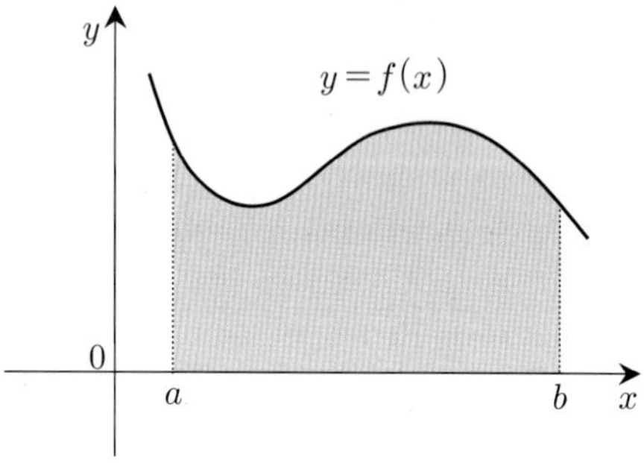

[영역의 넓이 구하기]

폐구간 $[a,b]$에서 함수 f가 연속이고 $f(x) \geq 0$일 때, 곡선 f와 직선 $x=a$, $x=b$와 x축으로 둘러싸인 영역의 넓이 S를 다음의 단계를 통해 정적분의 정의로부터 구할 수 있다.

(1) 구간 $[a,b]$를 n등분한 부분구간의 길이 $\Delta x = \frac{b-a}{n}$를 구한다.

(2) $x_k^* = x_k = a + \frac{b-a}{n}k$를 구한다.

(3) 합 $S_n = \sum_{k=1}^{n} f(x_k)\Delta x$를 구한다.

(4) 극한 $\lim_{n \to \infty} S_n = S$을 계산한다.

예제 5.1.4 $y=x^3$과 x축 및 두 직선 $x=0$과 $x=1$로 둘러싸인 도형의 넓이를 구하여라.

풀이 (1) $\Delta x = \dfrac{1-0}{n} = \dfrac{1}{n}$이다.

(2) $x_k = \dfrac{k}{n}$, $k=0, 1, 2, \cdots, n$이고

$$S_n = \sum_{k=1}^{n} f\left(\frac{i}{n}\right)\frac{1}{n} = \sum_{i=1}^{n}\left(\frac{i}{n}\right)^3\frac{1}{n} = \frac{1}{n^4}\sum_{k=1}^{n}k^3 = \frac{1}{n^4}\left[\frac{n(n+1)}{2}\right]^2$$

(3) $\lim_{n\to\infty} S_n = \lim_{n\to\infty}\dfrac{1}{n^4}\left[\dfrac{n(n+1)}{2}\right]^2 = \dfrac{1}{4}$ ∎

유제 5.1.4 (1) $y=x+1$과 x축 및 $x=3$으로 둘러싸인 도형의 넓이를 정적분을 이용하여 구하여라.

(2) $\int_{-1}^{1}\sqrt{1-x^2}\,dx$를 넓이로 해석하여 구하여라.

주의: 함수 $y=f(x)$가 다음 그림처럼 양의 값과 음의 값을 모두 갖는 경우, 리만합은 x축 위에 놓여 있는 직사각형들의 넓이와 x축 아래에 놓여 있는 직사각형들의 넓이의 음수 값을 합한 것이다. 따라서 리만합의 극한을 택할 때 오른쪽 그림처럼 곡선 $y=f(x)$와 직선 $x=a$, $x=b$ 그리고 x축으로 둘러싸인 영역 중에서 x축 위에 놓인 영역의 넓이에서 x축 아래에 놓인 영역의 넓이를 뺀 값으로 적분값이 계산된다.

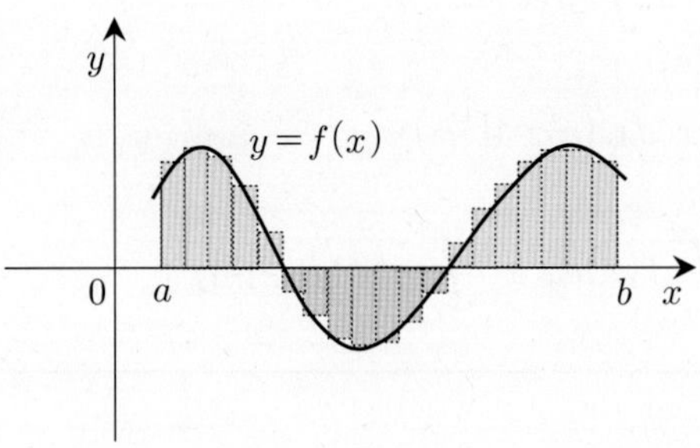

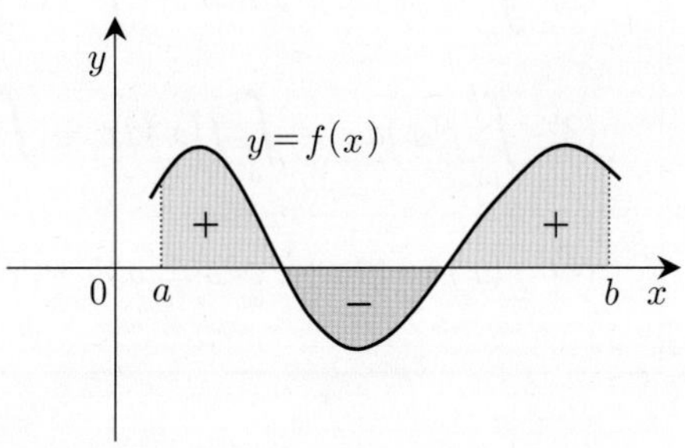

정의 5.1.2

$a < b$이고 함수 f가 폐구간 $[a,b]$에서 연속일 때, 다음을 정의한다.

(1) $\int_b^a f(x)dx = -\int_a^b f(x)dx$

(2) $\int_a^a f(x)dx = 0$

주의 : $\int_0^1 x^2 dx = \frac{1}{3}$와 $\int_0^1 (-x^2) dx = -\frac{1}{3}$를 비교해 보면 $\int_b^a f(x)dx = -\int_a^b f(x)dx$를 이해할 수 있다.

정적분의 정의를 통해 다음이 성립함을 알 수 있다.

정리 5.1.2

함수 f와 g가 구간 $[a, b]$에서 연속함수일 때, 다음이 성립한다.

(1) $\int_a^b kf(x)dx = k\int_a^b f(x)dx$ (k는 상수)

(2) $\int_a^b [f(x) \pm g(x)]dx = \int_a^b f(x)dx \pm \int_a^b g(x)dx$

(3) $\int_a^b f(x)dx = \int_a^c f(x)dx + \int_c^b f(x)dx$ (c는 상수)

(4) $f(x) \geq g(x)$, $\forall x \in [a, b]$이면 $\int_a^b f(x)dx \geq \int_a^b g(x)dx$이다.

증명 (3)은 아래 그림처럼 직관적으로 이해할 수 있다. 자세한 증명은 생략한다.

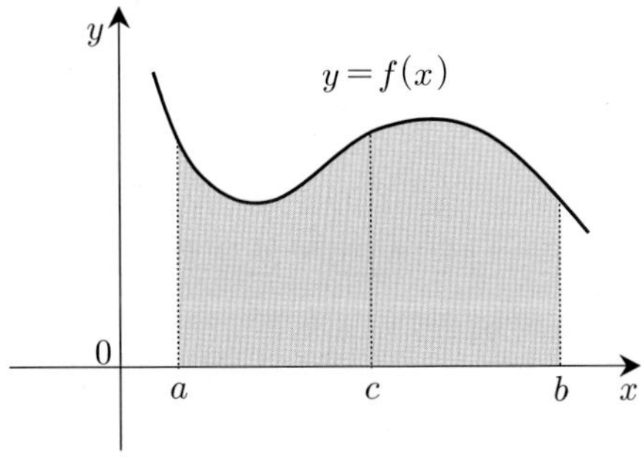

■

예제 5.1.5 정적분 $\int_0^1 (x^2+2x-1)dx$를 계산하여라.

풀이 $\int_0^1 x^2\,dx = \frac{1}{3}$이고 $\int_0^1 x\,dx = \frac{1}{2}$이므로

$$\int_0^1 (x^2+2x-1)dx = \int_0^1 x^2\,dx + 2\int_0^1 x\,dx - \int_0^1 1\,dx$$

$$= \frac{1}{3} + 2\cdot\frac{1}{2} - 1 = \frac{1}{3}$$

■

유제 5.1.5 $\int_0^{10} f(x)dx = 20$, $\int_0^6 f(x)dx = 2$이면 $\int_6^{10} f(x)dx$를 구하여라.

* 연습문제 5.1 *

01.. 구간 $[0, 1]$에서 다음 극한을 정적분으로 표현하여라.

(1) $\lim_{n\to\infty}\sum_{k=1}^{n}\left(1+\frac{3k}{n}\right)^{3}\frac{2}{n}$ (2) $\lim_{n\to\infty}\sum_{k=1}^{n}\sin\left(\frac{\pi k}{n}\right)\frac{1}{n}$

02.. 도형의 넓이를 이용하여 정적분을 계산하여라.

(1) $\int_{0}^{3}2x\,dx$ (2) $\int_{-1}^{2}\left|\frac{x}{2}\right|dx$

(3) $\int_{0}^{2}(2x-1)\,dx$ (4) $\int_{0}^{2}|2x-1|\,dx$

(5) $\int_{-4}^{4}\left(2x+\sqrt{16-x^2}\right)dx$

5.2 부정적분

정의 5.2.1 [원시함수,역도함수]

함수 F가 개구간 I에서 미분가능이고 $F'(x) = f(x)$, $\forall\ x \in I$를 만족할 때, F를 f의 **원시함수(primitive function)** 또는 **역도함수(antiderivative)**라고 한다.

예제 5.2.1 $\frac{1}{3}x^3$, $\frac{1}{3}x^3+1$, $\frac{1}{3}x^3-2$는 x^2의 원시함수이고, $\sin x$, $\sin x+4$는 $\cos x$의 원시함수이다.

정리 5.2.1

주어진 개구간 I에서 F가 f의 한 원시함수이면 f의 다른 원시함수는 다음의 형태로 나타난다. (C는 상수)

$$F(x) + C$$

증명 F와 G가 개구간 I에서 f의 원시함수이면 $G'(x) = f(x) = F'(x)$이다. 따라서 $G(x) = F(x) + C$ (C는 상수)가 성립한다. 그러므로 f의 다른 원시함수는 $F(x) + C$의 형태로 나타난다. ∎

정의 5.2.2 [부정적분]

함수 f의 원시함수를 나타내는 기호로 다음을 사용하고 이 기호을 f의 **부정적분(indefinite integral)**이라고 한다.

$$\int f(x)\,dx$$

주의: 함수 f의 한 원시함수가 F일 때, f의 부정적분을 다음과 같이 나타낼 수 있다.

$$\int f(x)\,dx = F(x) + C$$

위와 같이 나타내는 것을 부정적분 $\int f(x)\,dx$을 구한다고 한다.

주의: 앞선 미분 과정에서 우리는 다음이 성립함을 알고 있다.

$$\frac{d}{dx}(\ln|x|) = \frac{1}{x}$$

이 식으로부터 우리는 $\ln|x|$가 $\frac{1}{x}$의 원시함수가 됨을 알 수 있다. 이때 함수의 정의역은 x의 범위를 고려해서 $(-\infty, 0)$ 또는 $(0, \infty)$ 중에서 하나의 구간으로 선택해야 한다. 즉,

$$\int \frac{1}{x}\,dx = \begin{cases} \ln x + C_1, & x > 0 \\ \ln(-x) + C_2, & x < 0 \end{cases}$$

이를 편의상 간단히 다음과 같이 나타내지만 위의 사실을 염두에 두어야 한다.

$$\int \frac{1}{x}\,dx = \ln|x| + C$$

예제 5.2.2 $\int x^2 dx = \frac{1}{3}x^3 + C$이고 $\int \cos x\,dx = \sin x + C$이다.

도함수와 부정적분의 정의에 의해 다음이 성립함을 알 수 있다.

정리 5.2.2

(1) 함수 f가 연속이면 $\frac{d}{dx}\left(\int f(x)dx\right)=f(x)$이다.

(2) 함수 f가 미분가능이라면 $\int\left(\frac{d}{dx}f(x)\right)dx=f(x)+C$이다.

부정적분에 대한 다음 기본적인 성질들이 성립한다.

정리 5.2.3 [기본성질1]

실수 k에 대하여, 다음이 성립한다.

$$\int kf(x)dx=k\int f(x)dx$$

$$\int[f(x)\pm g(x)]dx=\int f(x)dx\pm\int g(x)dx$$

예제 5.2.3 다음 부정적분을 구하여라.

$$\int\left(\frac{1}{3}x^2+2\cos x\right)dx$$

*** **풀이** $\int x^2dx=\frac{1}{3}x^3+C$이고 $\int\cos x\,dx=\sin x+C$이므로

$$\int\left(\frac{1}{3}x^2+2\cos x\right)dx=\frac{1}{3}\int x^2\,dx+2\int\cos x\,dx$$

$$=\frac{1}{9}x^3+2\sin x+C$$

∎

정리 5.2.4 [기본성질2]

$$\int dx = x + C \qquad \int a\,dx = ax + C$$

$$\int x^r dx = \frac{x^{r+1}}{r+1} + C \ (r \neq -1) \qquad \int \frac{1}{x} dx = \ln|x| + C$$

$$\int e^x dx = e^x + C \qquad \int a^x dx = \frac{a^x}{\ln a} + C \ (a > 0, a \neq 1)$$

$$\int \cos x\,dx = \sin x + C \qquad \int \sin x\,dx = -\cos x + C$$

$$\int \sec^2 x\,dx = \tan x + C \qquad \int \sec x \tan x\,dx = \sec x + C$$

$$\int \csc^2 x\,dx = -\cot x + C \qquad \int \csc x \cot x\,dx = -\csc x + C$$

예제 5.2.4 다음 부정적분을 구하여라.

(1) $\int (3x^2 + 4x - 5)dx$ (2) $\int \frac{x^3+8}{x+2}dx$

(3) $\int \left(\frac{1}{x} + \frac{1}{x^2} - \frac{4}{x^3}\right)dx$ (4) $\int \frac{x+1}{\sqrt{x}}dx$

*** **풀이** (1) $\int (3x^2 + 4x - 5)dx = x^3 + 2x^2 - 5x + C$

(2) $$\int \frac{x^3+8}{x+2}dx = \int \frac{(x+2)(x^2-2x+4)}{x+2}dx$$
$$= \int (x^2 - 2x + 4)dx = \frac{1}{3}x^3 - x^2 + 4x + C$$

(3) $$\int \left(\frac{1}{x} + \frac{1}{x^2} - \frac{4}{x^3}\right)dx = \int \left(\frac{1}{x} + x^{-2} - 4x^{-3}\right)dx$$
$$= \ln|x| - \frac{1}{x} + \frac{2}{x^2} + C$$

(4) $$\int \frac{x+1}{\sqrt{x}}dx = \int \left(x^{\frac{1}{2}} + x^{-\frac{1}{2}}\right)dx = \frac{2}{3}x^{\frac{3}{2}} + 2x^{\frac{1}{2}} + C$$ ∎

유제 5.2.4 다음 부정적분을 구하여라.

(1) $\int(4x^3-3x^2+2x)dx$ (2) $\int(2x-3)(4x^2+1)dx$

(3) $\int\left(\frac{x}{2}-\frac{2}{x}\right)dx$ (4) $\int\frac{x^3+2x-1}{x\sqrt{x}}dx$

예제 5.2.5 다음 부정적분을 구하여라.

(1) $\int(\sin x+\cos x-\sec^2x)dx$ (2) $\int\frac{e^{2x}-4^x}{e^x+2^x}dx$

(3) $\int\frac{\sin 2x}{\sin x}dx$ (4) $\int(2+\tan^2x)dx$

*** **풀이** (1) $\int(\sin x+\cos x-\sec^2x)dx=-\cos x+\sin x-\tan x+C$

(2) $$\int\frac{e^{2x}-4^x}{e^x+2^x}dx=\int\frac{(e^x-2^x)(e^x+2^x)}{e^x+2^x}dx$$

$$=\int(e^x-2^x)dx=e^x-\frac{2^x}{\ln 2}+C$$

(3) $\int\frac{\sin 2x}{\sin x}dx=\int\frac{2\sin x\cos x}{\sin x}dx=\int 2\cos x\,dx=2\sin x+C$

(4) $\int(2+\tan^2x)dx=\int(\sec^2x+1)dx=\tan x+x+C$ ∎

유제 5.2.5 다음 부정적분을 구하여라.

(1) $\int\left(e^x+\frac{1}{x}\right)dx$ (2) $\int\frac{\sin x}{\cos^2x}dx$

(3) $\int\frac{1+\cos^2x}{\cos^2x}dx$ (4) $\int\cot^2x\,dx$

＊ 연습문제 5.2 ＊

01.. $f(x) = 4x^3 - 3x^2 + 2x$ 일 때, 다음을 구하여라.

(1) $\dfrac{d}{dx}\displaystyle\int f(x)dx$ (2) $\displaystyle\int \left(\dfrac{d}{dx}f(x)\right)dx$

02.. $\displaystyle\int f(x)dx = x\ln x - x^2 + C$ 일 때, $f(x)$를 구하여라.

03.. $\displaystyle\int (x-2)f(x)dx = 2x^3 - 24x$ 일 때, $f(x)$를 구하여라.

04.. $f'(x) = \dfrac{xe^x + 1}{x}$ 이고 $f(1) = e$ 일 때, $f(e)$의 값을 구하여라.

05.. 다음 부정적분을 구하여라.

(1) $\displaystyle\int (2x^2 - 4x + 5)dx$ (2) $\displaystyle\int \left(x^4 - \dfrac{x^3}{2} + \dfrac{x}{4} - 2\right)dx$

(3) $\displaystyle\int (x\sqrt{x} + 1)^2 dx$ (4) $\displaystyle\int \dfrac{x^3}{x+1}dx + \int \dfrac{1}{x+1}dx$

06.. 다음 부정적분을 구하여라.

(1) $\displaystyle\int (10x^4 - \sin x)dx$ (2) $\displaystyle\int \dfrac{\cos\theta}{\sin^2\theta}d\theta$

(3) $\displaystyle\int (\cos x - 2\csc^2 x)dx$ (4) $\displaystyle\int \sec x(\sec x + \tan x)dx$

(5) $\displaystyle\int \dfrac{\sin x + \sin x \tan^2 x}{\sec^2 x}dx$ (6) $\displaystyle\int \dfrac{8^x - 2^x}{2^x - 1}dx$

5.3 미분적분학의 기본정리

정리 5.3.1 [미분적분학의 기본정리1]

함수 f가 폐구간 $[a, b]$에서 연속일 때, 함수 g를 다음과 같이 정의하면

$$g(x) = \int_a^x f(t)dt \ , \ a \le x \le b$$

g는 폐구간 $[a, b]$에서 연속, 개구간 (a, b)에서 미분가능이고

$$g'(x) = f(x)$$

예제 5.3.1 다음을 구하여라.

(1) $\dfrac{d}{dx}\displaystyle\int_1^x \dfrac{2}{1+t^2}dt$ (2) $\dfrac{d}{dx}\displaystyle\int_a^{x^2} \sin(t^2)\,dt$

풀이 (1) $\dfrac{d}{dx}\displaystyle\int_1^x \dfrac{2}{1+t^2}dt = \dfrac{2}{1+x^2}$

(2) $u = x^2$로 두고 합성함수의 미분법을 사용하면

$$\frac{d}{dx}\int_a^{x^2} \sin t^2 dt = \frac{d}{du}\left(\int_a^u \sin t^2 dt\right)\frac{du}{dx}$$

$$= \sin u^2 \cdot \ 2x = 2x \sin x^4$$ ∎

유제 5.3.1 다음을 구하여라.

(1) $\dfrac{d}{dx}\displaystyle\int_{-1}^{-x} \dfrac{2}{1+t^2}dt$ (2) $\dfrac{d}{dx}\displaystyle\int_1^{e^{2x}} \ln t\,dt$

예제 5.3.2 실수 전체에서 미분가능인 함수 g에 대하여 함수 f는 다음과 같이 정의된다. $g(-1)=1$이고 $g'(-1)=2$일 때, $f''(-1)$을 구하여라.

$$f(x)=\int_1^{x^3} g(t)dt$$

풀이 $f'(x)=g(x^3)\cdot 3x^2=3x^2g(x^3)$이고

$f''(x)=6xg(x^3)+3x^2g'(x^3)\cdot 3x^2=6xg(x^3)+9x^4g'(x^3)$이므로

$$\begin{aligned} f''(-1) &= 6(-1)g(-1)+9g'(-1) \\ &= -6\cdot 1+9\cdot 2=12 \end{aligned}$$

∎

유제 5.3.2 $f(x)=\int_1^{x^2}\sqrt{1+t^2}\,dt$일 때, $f''(1)$을 구하여라.

정리 5.3.2 [미분적분학의 기본정리2]

함수 f가 폐구간 $[a,b]$에서 연속이고 F가 f의 원시함수이면

$$\int_a^b f(x)dx=F(b)-F(a)$$

증명 미분적분학의 기본정리1에 의해 함수 $\int_a^x f(t)dt$는 f의 역도함수이다. 따라서

$$\int_a^x f(t)dt=F(x)+C$$

이 식에 $x=a$를 대입하면 $\int_a^a f(t)dt=0$이므로 $C=-F(a)$이다. 즉,

$$\int_a^x f(t)dt=F(x)-F(a)$$

여기에 $x=b$를 대입하면 $\int_a^b f(t)dt = F(b)-F(a)$.

주의: 미분적분학의 기본정리2는 다음과 같이 표현되기도 한다.

$$\int_a^b F'(x)dx = F(b)-F(a)$$

기호 $F(b)-F(a) = [F(x)]_a^b = F(x)]_a^b$를 사용하여 미분적분학의 기본정리2를 다음과 같이 표현하기도 한다.

$$\int_a^b f(x)dx = F(b)-F(a) = [F(x)]_a^b = F(x)]_a^b$$

예제 5.3.3 다음 정적분을 구하여라.

(1) $\int_0^1 (3x^2+4x-5)dx$　　(2) $\int_1^4 \left(\sqrt{x}+\frac{2}{\sqrt{x}}\right)dx$

(3) $\int_1^2 \left(\frac{2}{x}+\frac{1}{x^2}-\frac{4}{x^3}\right)dx$　　(4) $\int_1^4 \frac{3x+1}{\sqrt{x}}dx$

풀이 (1) $\int_0^1 (3x^2+4x-5)dx = [x^3+2x^2-5x]_0^1 = -2$

(2) $\int_1^4 \left(\sqrt{x}+\frac{2}{\sqrt{x}}\right)dx = \left[\frac{2}{3}x^{\frac{3}{2}}+4\sqrt{x}\right]_1^4 = \left(\frac{16}{3}+8\right)-\left(\frac{2}{3}+4\right) = \frac{26}{3}$

(3) $\int_1^2 \left(\frac{2}{x}+\frac{1}{x^2}-\frac{4}{x^3}\right)dx = \left[2\ln|x|-\frac{1}{x}+\frac{2}{x^2}\right]_1^2 = 2\ln 2+1$

(4) $\int_1^4 \frac{3x+1}{\sqrt{x}}dx = \int_1^4 \left(3x^{\frac{1}{2}}+x^{-\frac{1}{2}}\right)dx = \left[2x^{\frac{3}{2}}+2x^{\frac{1}{2}}\right]_1^4 = 16$ ∎

유제 5.3.3 다음의 정적분을 계산하여라

(1) $\int_0^1 (4x^3 - 3x^2 + 1)dx$ (2) $\int_0^1 (2x-1)(4x^2+2x+1)dx$

(3) $\int_1^2 \left(\frac{x}{2} - \frac{2}{x}\right)dx$ (4) $\int_1^4 \frac{x^3+2x-1}{\sqrt{x}}dx$

예제 5.3.4 다음 정적분을 구하여라.

(1) $\int_0^1 (e^x + 2^x)dx$ (2) $\int_0^{\frac{\pi}{4}} (\sin x + \cos x - \sec^2 x)dx$

(3) $\int_{\frac{\pi}{6}}^{\frac{\pi}{2}} (x - \csc x \cot x)dx$ (4) $\int_0^{\frac{\pi}{3}} (1 + \tan^2 x)dx$

풀이 (1) $\int_0^1 (e^x + 2^x)dx = \left[e^x + \frac{2^x}{\ln 2}\right]_0^1 = \left(e + \frac{2}{\ln 2}\right) - \left(1 + \frac{1}{\ln 2}\right) = e - 1 + \frac{1}{\ln 2}$

(2) $\int_0^{\frac{\pi}{4}} (\sin x + \cos x - \sec^2 x)dx = [-\cos x + \sin x - \tan x]_0^{\frac{\pi}{4}} = 0$

(3) $\int_{\frac{\pi}{6}}^{\frac{\pi}{2}} (x - \csc x \cot x)dx = \left[\frac{x^2}{2} + \csc x\right]_{\frac{\pi}{6}}^{\frac{\pi}{2}} = \left(\frac{\pi^2}{8} - 1\right) - \left(\frac{\pi^2}{72} - 2\right) = \frac{\pi^2}{9} + 1$

(4) $\int_0^{\frac{\pi}{3}} (1 + \tan^2 x)dx = [\sec^2 x]_0^{\frac{\pi}{3}} = 3$ ∎

유제 5.3.4 다음의 정적분을 계산하여라

(1) $\int_1^4 (3\sqrt{x} - 2e^x)dx$ (2) $\int_0^{\frac{\pi}{4}} \frac{\sin x}{\cos^2 x}dx$

(3) $\int_0^{\frac{\pi}{4}} \frac{1+\cos^2 x}{\cos^2 x}dx$ (4) $\int_{\frac{\pi}{6}}^{\frac{\pi}{4}} \cot^2 x dx$

주의 : 미분적분학의 기본정리는 반드시 연속함수일 경우에 적용된다.

$$\int_{-1}^{1} \frac{1}{x^2} dx$$

함수 $f(x) = \frac{1}{x^2}$는 $x = 0$에서 연속이 아니므로 미분적분학의 기본정리를 적용할 수 없음을 주의해야 한다. 따라서 다음과 같은 계산은 잘못된 것이다.

$$\int_{-1}^{1} \frac{1}{x^2} dx = \left[-\frac{1}{x} \right]_{-1}^{1} = (-1) - (-(-1)) = -2$$

✲ 연습문제 5.3 ✲

01.. $f(x)=\frac{d}{dx}\int_1^{x^2}\frac{1}{t}dt$일 때, $\frac{d}{dx}f(x)$를 구하여라.

02.. 다음의 도함수를 구하여라.

(1) $\frac{d}{dx}\int_2^{2x}\frac{t}{1+t^2}dt$

(2) $\frac{d}{dx}\int_1^{x^2}\sin(t^2)dt$

03.. 함수 $f(x)=3x^2-2x$에 대하여, $\lim_{x\to 0}\frac{1}{x}\int_1^{1+x}f(t)dt$의 값을 구하여라.

04.. 다음 정적분을 구하여라.

(1) $\int_1^3(x^2+3x+1)dx$

(2) $\int_0^2(5x^4-3x^2+7)dx$

(3) $\int_1^2(2x^2-4x+5)dx$

(4) $\int_0^1(x\sqrt{x}+1)^2dx$

(5) $\int_1^4\frac{x^2+1}{\sqrt{x}}dx$

(6) $\int_0^3(x^3+x^{3/2})dx$

05.. 다음 정적분을 구하여라.

(1) $\int_1^3\left(\frac{3x^2-4x+1}{x}\right)dx$

(2) $\int_1^2\left(\frac{1}{x}-\frac{1}{x^2}+\frac{1}{x^3}\right)dx$

(3) $\int_0^1(2e^x-3^x)dx$

(4) $\int_0^2(5e^x+5^x)dx$

(5) $\int_0^1\frac{8^x+2^x}{2^x+1}dx$

06.. 다음 정적분을 구하여라.

(1) $\int_{\pi/6}^{\pi/4}(\sec^2 x - \csc^2 x)\,dx$

(2) $\int_0^{\frac{\pi}{3}}(\sec^2 x + \sec x \tan x)dx$

(3) $\int_{\frac{\pi}{6}}^{\frac{\pi}{3}}(\cos x - 2\csc^2 x)dx$

(4) $\int_0^{\pi/3}\frac{\sin 2x}{\cos x}\,dx$

(5) $\int_0^{\frac{3\pi}{2}}|\sin x|\,dx$

5.4 치환적분

$F(u) = \int f(u)du$에서 $u = g(x)$라고 두고 g가 미분가능이면 $F(u) = F(g(x))$가 된다. 여기서 $F(u)$를 x에 대하여 미분하면

$$\begin{aligned} \frac{d}{dx}F(u) &= \frac{d}{du}F(u)\frac{du}{dx} = \frac{d}{du}F(u)\frac{d}{dx}g(x) \\ &= f(u)g'(x) \\ &= f(g(x))g'(x) \end{aligned}$$

양변을 적분하면 $F(u) = \int f(g(x))g'(x)dx$이고 $F(u) = \int f(u)du$이므로

$$\int f(u)du = \int f(g(x))g'(x)dx$$

이와 같이 피적분 함수의 일부분을 변수 u 또는 다른 변수로 치환하여 적분하는 방법을 **치환적분법(substitution rule)**이라고 한다.

정리 5.4.1 [부정적분의 치환적분법]

함수 $u = g(x)$가 구간 I에서 미분가능이고 f는 I에서 연속일 때,

$$\int f(g(x))g'(x)\,dx = \int f(u)\,du$$

예제 5.4.1 다음의 부정적분을 구하여라.

(1) $\int x(x^2+1)^5\,dx$ (2) $\int (2x-1)^7 dx$

(3) $\int x^3\sqrt{x^2+1}\,dx$ (4) $\int \frac{x^3}{\sqrt{1-x^2}}dx$

*** **풀이** (1) $u=x^2+1$로 두면 $du=2xdx$이므로

$$\int x(x^2+1)^5\,dx = \int u^5\frac{1}{2}du$$

$$= \frac{1}{12}u^6+C=\frac{1}{12}(x^2+1)^6+C$$

(2) $u=2x-1$로 두면 $du=2\,dx$이므로

$$\int (2x-1)^7dx = \int u^7\cdot\ \frac{1}{2}du$$

$$= \frac{1}{16}u^8+C=\frac{1}{16}(2x-1)^8+C$$

(3) $u=x^2+1$로 두면 $du=2x\,dx$이고 $x^2=u-1$이므로

$$\int x^3\sqrt{x^2+1}\,dx = \int (u-1)\sqrt{u}\cdot\ \frac{1}{2}du$$

$$= \frac{1}{2}\left(\frac{2}{5}u^{5/2}-\frac{2}{3}u^{3/2}\right)+C$$

$$= \frac{1}{5}(x^2+1)^{5/2}-\frac{1}{3}(x^2+1)^{3/2}+C$$

(4) $u=\sqrt{1-x^2}$로 두면 $u^2=1-x^2$이고 $2udu=-2xdx$이므로

$$\int \frac{x^3}{\sqrt{1-x^2}}dx = \int \frac{1-u^2}{u}(-udu)$$

$$= \int (u^2-1)du$$

$$= \frac{1}{3}u^3-u+C$$

$$= \frac{1}{3}\left(\sqrt{1-x^2}\right)^3-\sqrt{1-x^2}+C$$

∎

유제 5.4.1 다음의 부정적분을 구하여라.

(1) $\int \frac{1}{(2x-3)^5}dx$ (2) $\int 3x^2(x^3+1)^5dx$

(3) $\int (x^2+3)\sqrt{x^3+2x+1}\,dx$ (4) $\int x\sqrt{x+1}\,dx$

예제 5.4.2 다음의 부정적분을 구하여라.

(1) $\int \sin(5x+1)\,dx$ (2) $\int \sin^3 x \cos x\,dx$

(3) $\int 2e^x \sqrt{(e^x+1)^5}\,dx$ (4) $\int \frac{\ln\sqrt{x}}{2\sqrt{x}}\,dx$

*** **풀이** (1) $u=5x+1$로 두면 $du=5dx$이므로

$$\int \sin(5x+1)\,dx = \int \sin u \cdot \frac{1}{5}du$$

$$= \frac{1}{5}(-\cos u) + C = -\frac{1}{5}\cos(5x+1) + C$$

(2) $u=\sin x$로 두면 $du=\cos x dx$이므로

$$\int \sin^3 x \cos x dx = \int u^3 du$$

$$= \frac{1}{4}u^4 + C = \frac{1}{4}\sin^4 x + C$$

(3) $u=e^x+1$로 두면 $du=e^x dx$이므로

$$\int 2e^x \sqrt{(e^x+1)^5}\,dx = \int 2\sqrt{u^5}\,du$$

$$= \frac{4}{7}u^{7/2} + C = \frac{4}{7}(e^x+1)^{7/2} + C$$

(4) $u=\sqrt{x}$로 두면 $du=\frac{dx}{2\sqrt{x}}$이므로

$$\int \frac{\ln\sqrt{x}}{2\sqrt{x}}\,dx = \int \ln u\,du$$

$$= \ln|u| + C = \ln|\sqrt{x}| + C$$

∎

유제 5.4.2 다음의 부정적분을 구하여라.

(1) $\int \sec^2(5x+1)x$ (2) $\int \frac{\cos\sqrt{x}}{\sqrt{x}}\,dx$

(3) $\int x\,3^{x^2+1}\,dx$ (4) $\int \frac{(\ln x)^2}{2x}\,dx$

예제 5.4.3 다음의 부정적분을 구하여라.

(1) $\int \sin^2 x\,dx$ (2) $\int \sin^3 x\,dx$

(3) $\int \sin^4 x\,dx$ (4) $\int \sec^2 x \tan x\,dx$

풀이 (1) $u = 2x$로 두면 $du = 2dx$이므로

$$\int \sin^2 x\,dx = \int \frac{1-\cos 2x}{2}\,dx$$
$$= \int \left(\frac{1}{2} - \frac{1}{2}\cos u\right)\frac{1}{2}du$$
$$= \frac{1}{4}u - \frac{1}{4}\sin u + C = \frac{1}{2}x - \frac{1}{4}\sin 2x + C$$

(2) $u = \cos x$로 두면 $du = -\sin x\,dx$이므로

$$\int \sin^3 x\,dx = \int (1-\cos^2 x)\sin x\,dx$$
$$= \int (1-u^2)(-du)$$
$$= \frac{1}{3}u^3 - u + C = \frac{1}{3}\cos^3 x - \cos x + C$$

(3) $$\int \sin^4 x\,dx = \int \left(\frac{1-\cos 2x}{2}\right)^2 dx$$
$$= \frac{1}{4}\int (1 - 2\cos 2x + \cos^2 2x)dx$$
$$= \frac{1}{4}\int \left(1 - 2\cos 2x + \frac{1+\cos 4x}{2}\right)dx$$
$$= \int \left(\frac{3}{8} - \frac{1}{2}\cos 2x + \frac{1}{8}\cos 4x\right)dx$$
$$= \frac{3}{8}x - \frac{1}{4}\sin 2x + \frac{1}{32}\sin 4x + C$$

(4) $u = \tan x$로 두면 $du = \sec^2 x\,dx$이므로

$$\int \sec^2 x \tan x\,dx = \int u\,du$$
$$= \frac{1}{2}u^2 + C = \frac{1}{2}\tan^2 x + C$$

∎

유제 5.4.3 다음의 부정적분을 구하여라.

(1) $\int \cos^2 x\, dx$　　(2) $\int \cos^3 x\, dx$

(3) $\int \cos^4 x\, dx$

정리 5.4.2

함수 f가 미분가능인 함수일 때,

$$\int \frac{f'(x)}{f(x)} dx = \ln|f(x)| + C$$

증명 $u = f(x)$로 치환하면, $du = f'(x)dx$이고 적분은 $\int \frac{1}{u} du = \ln|u| + C$ 이므로, 다음이 성립한다.

$$\int \frac{f'(x)}{f(x)} dx = \ln|f(x)| + C$$

∎

예제 5.4.4 다음을 설명하여라.

(1) $\int \tan x\, dx = \ln|\sec x| + C$

(2) $\int \sec x\, dx = \ln|\sec x + \tan x| + C$

풀이 (1) $\int \tan x\, dx = \int \frac{\sin x}{\cos x} dx$ 에서,

$u = \cos x$로 치환하면 $du = -\sin x\, dx$이므로

$$\int \tan x\, dx = \int \frac{\sin x}{\cos x} dx$$

$$= \int \frac{1}{u} du = \ln|u| + C$$

$$= -\ln|\cos x| + C = \ln|\sec x| + C$$

(2) 먼저 분모와 분자에 $\sec x + \tan x$를 곱하면

$$\int \sec x\, dx = \int \sec x \frac{\sec x + \tan x}{\sec x + \tan x} dx$$

$$= \int \frac{\sec^2 x + \sec x \tan x}{\sec x + \tan x} dx$$

여기서 $u = \sec x + \tan x$로 치환하면 $du = (\sec x \tan x + \sec^2 x)dx$이다. 따라서

$$\int \sec x\, dx = \int \frac{1}{u} du = \ln|u| + C$$

$$= \ln|\sec x + \tan x| + C$$

∎

유제 5.4.4 다음 부정적분을 구하여라.

(1) $\int \cot x\, dx$ (2) $\int \cot^3 x\, dx$

(3) $\int \csc x\, dx$

정리 5.4.3 [정적분의 치환적분]

미분가능한 함수 $u = g(x)$의 도함수 g'가 폐구간 $[a, b]$에서 연속이고 함수 f가 폐구간 $[g(a), g(b)]$에서 연속일 때,

$$\int_a^b f(g(x))\, g'(x)dx = \int_{g(a)}^{g(b)} f(u)du$$

증명 $F'(x) = f(x)$라고 두면 $(F(g(x)))' = f(g(x))g'(x)$이다. 미분적분학의 기본 정리에 의해

$$\int_a^b f(g(x))g'(x)dx = [F(g(x))]_a^b = F(g(b)) - F(g(a))$$

한편 $\int_{g(a)}^{g(b)} f(u)du = [F(u)]_{g(a)}^{g(b)} = F(g(b)) - F(g(a))$이므로

$$\int_a^b f(g(x))g'(x)dx = \int_{g(a)}^{g(b)} f(u)du$$

∎

예제 5.4.5 다음 정적분을 구하여라.

(1) $\int_0^1 x(x^2+1)^5\,dx$ (2) $\int_{\frac{\pi}{6}}^{\frac{\pi}{2}} \sin^3 x\cos x\,dx$

(3) $\int_0^{\ln 2} 2e^x\sqrt{(e^x+1)^5}\,dx$ (4) $\int_4^9 \frac{\ln\sqrt{x}}{2\sqrt{x}}\,dx$

*** **풀이** (1) $u = x^2+1$로 두면 $du = 2xdx$이다.

$x=0$이면 $u=1$이고, $x=1$이면 $u=2$이다. 따라서,

$$\int_0^1 x(x^2+1)^5\,dx = \int_1^2 u^5\frac{1}{2}du = \frac{1}{12}u^6\Big]_1^2 = \frac{21}{4}$$

(2) $u = \sin x$로 두면 $du = \cos x dx$이다.

$x = \frac{\pi}{6}$이면 $u = \frac{1}{2}$이고, $x = \frac{\pi}{2}$이면 $u = 1$이다. 따라서,

$$\int_{\frac{\pi}{6}}^{\frac{\pi}{2}} \sin^3 x\cos x dx = \int_{\frac{1}{2}}^{1} u^3 du = \frac{1}{4}u^4\Big]_{\frac{1}{2}}^{1} = \frac{15}{64}$$

(3) $u = e^x+1$로 두면 $du = e^x\,dx$이다.

$x=0$이면 $u=2$이고, $x=\ln 2$이면 $u=3$이다. 따라서,

$$\int_0^{\ln 2} 2e^x\sqrt{e^x+1^5}\,dx = \int 2\sqrt{u^5}\,du = \frac{4}{7}u^{7/2}\Big]_2^3$$

$$= \frac{4}{7}(27\sqrt{3} - 8\sqrt{2})$$

(4) $u = \sqrt{x}$로 두면 $du = \dfrac{dx}{2\sqrt{x}}$이다.

$x = 4$이면 $u = 2$이고, $x = 9$이면 $u = 3$이다. 따라서,

$$\int_4^9 \frac{\ln\sqrt{x}}{2\sqrt{x}}dx = \int_2^3 \ln u\, du = \ln|u|\Big]_2^3 = \ln\frac{3}{2}$$ ∎

유제 5.4.5 다음 정적분을 구하여라.

(1) $\displaystyle\int_1^2 (x^2+2)\sqrt{x^3+2x+1}\,dx$ (2) $\displaystyle\int_{\pi^2/16}^{\pi^2/9} \frac{\cos\sqrt{x}}{\sqrt{x}}dx$

(3) $\displaystyle\int_0^1 x3^{x^2+1}dx$ (4) $\displaystyle\int_1^e \frac{(\ln x)^2}{2x}dx$

* 연습문제 5.4 *

01.. 다음 부정적분을 구하여라.

(1) $\int (1+2x)^5 dx$

(2) $\int \frac{1}{(5x+1)^2} dx$

(3) $\int \frac{x}{x^2+3} dx$

(4) $\int \sqrt{3x+1}\, dx$

(5) $\int x^2 \sqrt{x^3-4}\, dx$

(6) $\int \frac{x}{\sqrt{1+x^2}} dx$

(7) $\int x(2+x^2)^{3/4} dx$

(8) $\int \frac{1}{x^2} \sqrt{5+\frac{1}{x}}\, dx$

02.. 다음 부정적분을 구하여라.

(1) $\int e^{-6x} dx$

(2) $\int \frac{-e^x}{(1-e^x)^2} dx$

(3) $\int e^x (2+4e^x)^{3/4} dx$

(4) $\int x e^{x^2+1} dx$

(5) $\int \frac{\ln(x^2)}{x} dx$

(6) $\int x \ln(x^2+1) dx$

03.. 다음 부정적분을 구하여라.

(1) $\int \frac{\sin x}{1-\cos x} dx$

(2) $\int \sin^5 x \cos x\, dx$

(3) $\int \frac{\cos(1/x)}{x^2} dx$

(4) $\int e^x \sin(1+e^x)\, dx$

(5) $\int e^{\tan x} \sec^2 x\, dx$

(6) $\int e^{\sin x} \cos x\, dx$

(7) $\int \csc^2 2x\, dx$

(8) $\int \sqrt{\tan x}\, \sec^2 x\, dx$

04.. 다음 정적분을 구하여라.

(1) $\int_0^1 \sqrt{x+2}\,dx$

(2) $\int_1^2 x^2\sqrt{x^3-4}\,dx$

(3) $\int_2^3 (1+2x)^5\,dx$

(4) $\int_1^2 x(2+x^2)^{3/4}\,dx$

(5) $\int_1^2 \frac{x}{(4x^2-1)^2}dx$

(6) $\int_{-1}^0 \frac{x+1}{\sqrt{x^2+2x+2}}dx$

05.. 다음 정적분을 구하여라.

(1) $\int_0^3 e^{-6x}\,dx$

(2) $\int_0^1 x^2 e^{x^3}\,dx$

(3) $\int_0^1 (e^x+e^{-x})^2\,dx$

(4) $\int_1^3 \frac{e^{1/x}}{x^2}\,dx$

(5) $\int_0^1 \frac{e^x+1}{x+e^x}dx$

(6) $\int_1^e \frac{1}{x(1+\ln x)^2}dx$

(7) $\int_2^3 \frac{\ln(x^2)}{x}\,dx$

(8) $\int_1^2 \frac{2x+1}{4x^2+4x}\,dx$

06.. 다음 정적분을 구하여라.

(1) $\int_{\pi/3}^{\pi/2} \csc^2 2x\,dx$

(2) $\int_0^{\pi/6} \cos x\cos(\sin x)\,dx$

(3) $\int_0^{\frac{\pi}{2}} \frac{\sin x}{1+\cos x}dx$

(4) $\int_0^{\frac{\pi}{4}} \sqrt{\tan x}\,\sec^2 x\,dx$

(5) $\int_{1/2}^1 \frac{\cos(1/x)}{x^2}\,dx$

07.. $f(x)=\int \frac{\cos(\ln x)}{x}dx$에 대하여, $f(1)=1$일 때, $f(e^{\pi/2})$의 값을 구하여라.

5.5 부분적분

정리 5.5.1 [부분적분법]

함수 $f(x)$와 $g(x)$가 미분가능이면 다음이 성립한다.

$$\int f(x)g'(x)dx = f(x)g(x) - \int f'(x)g(x)dx$$

이 등식을 활용한 적분법을 **부분적분법(Integration by parts)**이라 한다.

증명 미분가능한 두 함수의 곱 $f(x)g(x)$을 미분하면

$$\{f(x)g(x)\}' = f'(x)g(x)dx + f(x)g'(x)$$

이고 양변을 x에 대하여 적분하면

$$f(x)g(x) = \int \{f'(x)g(x) + f(x)g'(x)\}dx$$

이므로

$$\int f(x)g'(x)dx = f(x)g(x) - \int f'(x)g(x)dx$$

■

예제 5.5.1 다음의 부정적분을 구하여라.

(1) $\int xe^x dx$ (2) $\int x^2 e^x dx$

(3) $\int \ln x\, dx$ (4) $\int e^x \sin x\, dx$

풀이 (1) $f(x) = x$, $g'(x) = e^x$라 두면

$$\int x\, e^x dx = xe^x - \int e^x\, dx = xe^x - e^x + C$$

(2) $f(x) = x^2$, $g'(x) = e^x$라 두면

$$\int x^2 e^x dx = x^2 e^x - \int (2x) e^x dx$$

$$= x^2 e^x - 2xe^x + 2e^x + C$$

(3) $f(x) = \ln x$, $g'(x) = 1$라 두면

$$\int \ln x \, dx = x \ln x - \int x \frac{1}{x} dx = x \ln x - x + C$$

(4) $f(x) = \sin x$, $g'(x) = e^x$라 두면

$$I = \int e^x \sin x \, dx = e^x \sin x - \int e^x \cos x \, dx$$

위 식에서 $\int e^x \cos x \, dx$는 부분적분법을 또 사용하면

$$\int e^x \cos x \, dx = e^x \cos x + \int e^x \sin x \, dx = e^x \cos x + I$$

가 된다. 따라서 위 식에서 I에 관하여 풀면

$$I = \int e^x \sin x \, dx = \frac{1}{2} e^x (\sin x - \cos x) + C$$ ∎

유제 5.5.1 다음의 부정적분을 구하여라.

(1) $\int xe^{-x} dx$ (2) $\int (1+2x) e^{3x} dx$

(3) $\int (\ln x)^2 dx$ (4) $\int e^x \cos x \, dx$

정리 5.5.2

두 함수 f와 g가 폐구간 $[a, b]$에서 미분가능이고 도함수 f'과 g'이 연속일 때, 다음이 성립한다.

$$\int_a^b f(x) g'(x) dx = [f(x) g(x)]_a^b - \int_a^b f'(x) g(x) dx$$

예제 5.5.2 다음 정적분을 구하여라.

(1) $\int_0^2 xe^x dx$　　　　(2) $\int_0^1 x^2 e^{-x} dx$

(3) $\int_1^e \ln x\, dx$　　　　(4) $\int_0^{\frac{\pi}{2}} e^x \sin x\, dx$

풀이 (1) $f(x) = x$, $g'(x) = e^x$라 두면

$$\int_0^2 x\, e^x dx = [xe^x]_0^2 - \int_0^2 e^x\, dx$$

$$= 2e^2 - [e^x]_0^2 = 2e^2 - e^2 + 1 = e^2 + 1$$

(2) $f(x) = x^2$, $g'(x) = e^{-x}$라 두면

$$\int_0^1 x^2\, e^{-x} dx = [x^2(-e^{-x})]_0^1 - \int_0^1 (2x)(-e^{-x})\, dx$$

$$= -e^{-1} + 2\left\{[x(-e^{-x})]_0^1 - \int_0^1 -e^{-x} dx\right\}$$

$$= -e^{-1} + 2\{-e^{-1} - (e^{-1} - 1)\} = -5e^{-1} + 2$$

(3) $f(x) = \ln x$, $g'(x) = 1$라 두면

$$\int_1^e \ln x\, dx = [x \ln x]_1^e - \int_1^e x \frac{1}{x}\, dx = e - [x]_1^e = 1$$

(4) $f(x) = \sin x$, $g'(x) = e^x$라 두면

$$I = \int_0^{\frac{\pi}{2}} e^x \sin x\, dx = e^x \sin x \Big]_0^{\frac{\pi}{2}} - \int_0^{\frac{\pi}{2}} e^x \cos x\, dx$$

위 식에서 $\int_0^{\frac{\pi}{2}} e^x \cos x\, dx$는 부분적분법을 또 사용하면

$$\int_0^{\frac{\pi}{2}} e^x \cos x\, dx = e^x \cos x \Big]_0^{\frac{\pi}{2}} + \int_0^{\frac{\pi}{2}} e^x \sin x\, dx = e^x \cos x \Big]_0^{\frac{\pi}{2}} + I$$

가 된다. 따라서 위 식에서 I에 관하여 풀면

$$I = \int_0^{\frac{\pi}{2}} e^x \sin x\, dx = \frac{1}{2} e^x (\sin x - \cos x) \Big]_0^{\frac{\pi}{2}} = \frac{1}{2}(e^{\frac{\pi}{2}} + 1)$$ ∎

유제 5.5.2 다음의 정적분의 값을 구하여라.

(1) $\int_0^1 xe^{-x} dx$

(2) $\int_1^2 (1+2x) e^{3x} dx$

(3) $\int_1^e (\ln x)^2 dx$

(4) $\int_0^{\pi} e^x \cos x\, dx$

✲ 연습문제 5.5 ✲

01.. 다음 부정적분을 구하여라.

(1) $\int -xe^{2x}\,dx$　　(2) $\int x2^{x}\,dx$

(3) $\int xe^{2x}\,dx$　　(4) $\int \ln\sqrt{x}\,dx$

(5) $\int x\ln x\,dx$　　(6) $\int x^2\ln x\,dx$

02.. 다음 부정적분을 구하여라.

(1) $\int x\sin x\,dx$　　(2) $\int x^2\cos 2x\,dx$

(3) $\int e^{\sin x}\cos 2x\,dx$　　(4) $\int e^{3x}\sin 3x\,dx$

(5) $\int \sec^3 x\,dx$　　(6) $\int \csc^3 x\,dx$

03.. 다음 정적분을 구하여라.

(1) $\int_0^1 xe^{2x}\,dx$　　(2) $\int_1^4 \ln\sqrt{x}\,dx$

(3) $\int_1^e x\ln(x+1)\,dx$　　(4) $\int_1^e x^2\ln x\,dx$

(5) $\int_0^{\frac{\pi}{2}} x\cos x\,dx$　　(6) $\int_0^{\pi/5} x\cos 5x\,dx$

(7) $\int_0^{\pi/6} e^{\sin x}\cos 2x\,dx$　　(8) $\int_{\pi/6}^{\pi/3} e^{3x}\sin 3x\,dx$

04.. 점 $\left(e, \frac{1}{4}e^2\right)$을 지나는 곡선 $y=f(x)$ 위의 임의의 점 (x, y)에서의 접선의 기울기가 $(x+1)\ln x$라고 할 때, $f(1)$의 값을 구하여라.

06 정적분의 활용

6.1 영역의 넓이

6.2 입체의 부피

6.1 영역의 넓이

정리 6.1.1 [x축과 곡선 사이의 넓이]

폐구간 $[a, b]$에서 연속인 함수 f에 대하여, 곡선 $y = f(x)$와 x축 및 두 직선 $x = a$, $x = b$로 둘러싸인 영역의 넓이 A는 다음과 같다.

(1) $f(x) \geq 0$, $\forall\ x \in [a, b]$이면

$$A = \int_a^b f(x)\,dx$$

(2) $f(x) \leq 0$, $\forall\ x \in [a, b]$이면

$$A = -\int_a^b f(x)\,dx$$

(3) 일반적인 경우

$$A = \int_a^b |f(x)|\,dx$$

예제 6.1.1 다음 물음에 답하여라.

(1) 곡선 $y = e^x$과 x축 그리고 두 직선 $x = 0, x = 1$로 둘러싸인 영역의 넓이를 구하여라.

(2) 곡선 $y = x^2 - 2x$과 x축으로 둘러싸인 영역의 넓이를 구하여라.

(3) 곡선 $y = \sin x\,(0 \leq x \leq 2\pi)$와 x축으로 둘러싸인 영역의 넓이를 구하여라.

*** **풀이** (1) $\int_0^1 e^x dx = [e^x]_0^1 = e - 1$

(2) $A = -\int_0^2 (x^2 - 2x)\,dx = -\left[\frac{x^3}{3} - x^2\right]_0^2 = \frac{4}{3}$

(3) $A=\int_0^{\pi}\sin x\,dx-\int_0^{2\pi}\sin x\,dx=[-\cos x]_0^{\pi}+[\cos x]_{\pi}^{2\pi}=4$ ∎

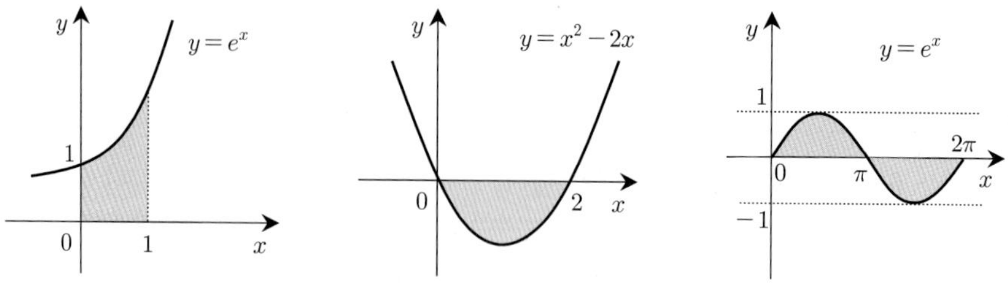

유제 6.1.1 다음 물음에 답하여라.

(1) 곡선 $y=\dfrac{1}{x}$과 x축 그리고 두 직선 $x=1, x=e$로 둘러싸인 영역의 넓이를 구하여라.

(2) 곡선 $y=-\ln x$과 x축, $x=e$으로 둘러싸인 영역의 넓이를 구하여라.

(3) 곡선 $y=\cos x\,(0\le x\le 2\pi)$와 x축으로 둘러싸인 영역의 넓이를 구하여라.

정리 6.1.2 [y축과 곡선 사이의 넓이]

폐구간 $[c,d]$에서 연속인 함수 g에 대하여, 곡선 $x=g(y)$와 y축 및 두 직선 $y=c$, $y=d$로 둘러싸인 영역의 넓이 A는 다음과 같다.

(1) $g(y)\ge 0,\ \forall\, y\in[c,d]$이면

$$A=\int_c^d g(y)\,dy$$

(2) $g(y)\le 0,\ \forall\, y\in[c,d]$이면

$$A=-\int_c^d g(y)\,dy$$

(3) 일반적인 경우

$$A=\int_c^d |g(y)|\,dy$$

예제 6.1.2 다음 물음에 답하여라.

(1) 곡선 $x=4-y^2$과 y축으로 둘러싸인 영역의 넓이를 구하여라.

(2) 곡선 $x=y^2-1$과 y축 및 $y=2$으로 둘러싸인 영역의 넓이를 구하여라.

풀이 (1) $\displaystyle\int_{-2}^{2}(4-y^2)\,dy=2\int_{0}^{2}(4-y^2)\,dy=2\left[4y-\frac{y^3}{3}\right]_0^2=\frac{32}{3}$

(2) $\displaystyle A=-\int_{-1}^{1}(y^2-1)\,dy+\int_{1}^{2}(y^2-1)\,dy=\frac{8}{3}$ ∎

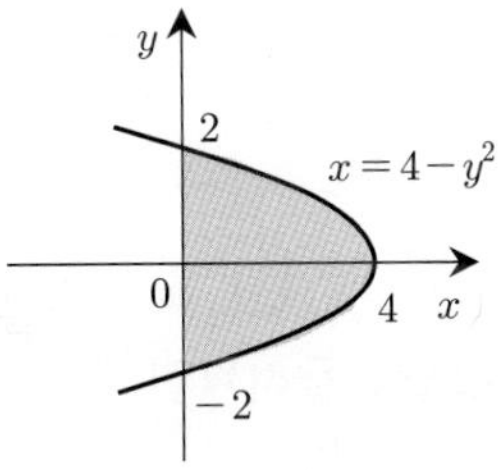

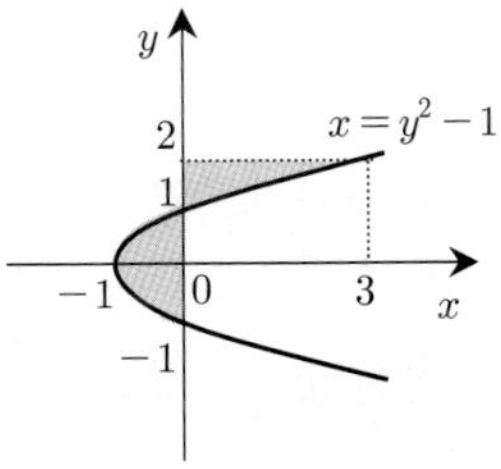

유제 6.1.2 다음 물음에 답하여라.

(1) 곡선 $x=e^y-1$과 y축 그리고 $y=2$으로 둘러싸인 영역의 넓이를 구하여라.

(2) 곡선 $x=\dfrac{1}{y}-1$과 y축 그리고 두 직선 $y=\dfrac{1}{e}$, $y=e$으로 둘러싸인 영역의 넓이를 구하여라.

두 곡선 $y=f(x)$, $y=g(x)$와 두 직선 $x=a$, $x=b$로 둘러싸인 영역을 생각하자.

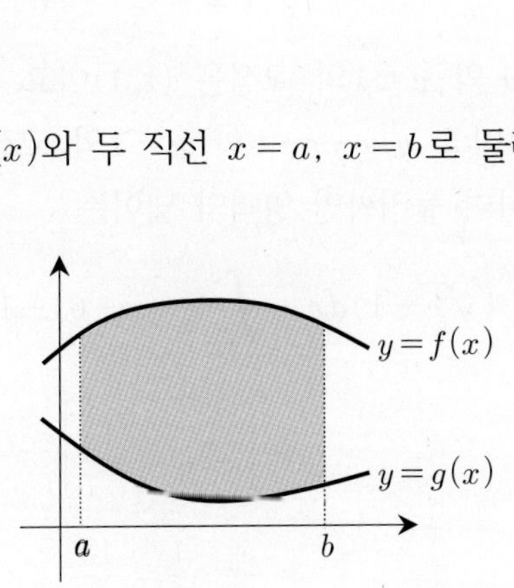

정리 6.1.3 [두 곡선 사이의 넓이1]

함수 f와 g가 구간 $[a,b]$에서 연속이고 $f(x) \geq g(x)$ $(a \leq x \leq b)$일 때, 두 곡선 $y=f(x)$, $y=g(x)$와 두 직선 $x=a$, $x=b$로 둘러싸인 영역의 넓이는 다음과 같다.

$$A=\int_a^b (f(x)-g(x))\,dx$$

예제 6.1.3 다음 물음에 답하여라.

(1) 두 곡선 $y=x+6$, $y=x^2$으로 둘러싸인 영역의 넓이를 구하여라.

(2) 세 곡선 $y=\sqrt{x}$, $y=-x+6$, $y=1$으로 둘러싸인 영역의 넓이를 구하여라.

(3) 곡선 $y=e^{-x}$와 두 직선 $y=1$, $x=2$으로 둘러싸인 영역의 넓이를 구하여라.

풀이 (1) 두 그래프의 교점을 구하면, $x=-2$, $x=3$이다. 또한, 구간 $[-2,3]$에서 $x+6 \geq x^2$이므로

$$\int_{-2}^{3}(x+6-x^2)\,dx=\left[\frac{x^2}{2}+6x-\frac{x^3}{3}\right]_{-2}^{3}=\frac{125}{6}$$

(2) 함수 $y=\sqrt{x}$와 $y=1$의 교점은 $(1,1)$이고, $y=\sqrt{x}$와 $y=-x+6$의 교점은 $(4,2)$이고 $y=-x+6$와 $y=1$의 교점은 $(5,1)$이다. 따라서 세 그래프에 의하여 둘러싸인 영역의 넓이는

$$\int_1^4(\sqrt{x}-1)\,dx+\int_4^5((-x+6)-1)\,dx$$

$$=\left[\frac{2\sqrt{x^3}}{3}-x\right]_1^4-\left[-\frac{x^2}{2}+5x\right]_4^5$$

$$=\frac{5}{3}+\frac{1}{2}=\frac{13}{6}$$

(3) $A=\int_0^2 (1-e^{-x})dx = 1+\frac{1}{e^2}$

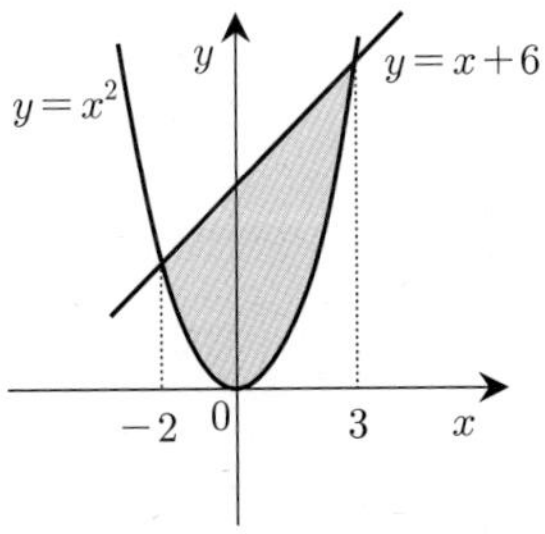

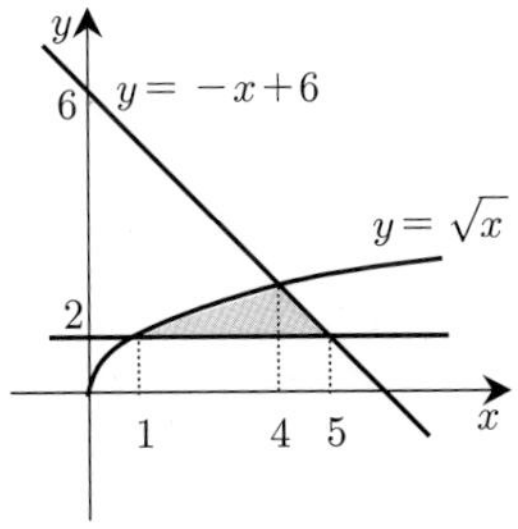

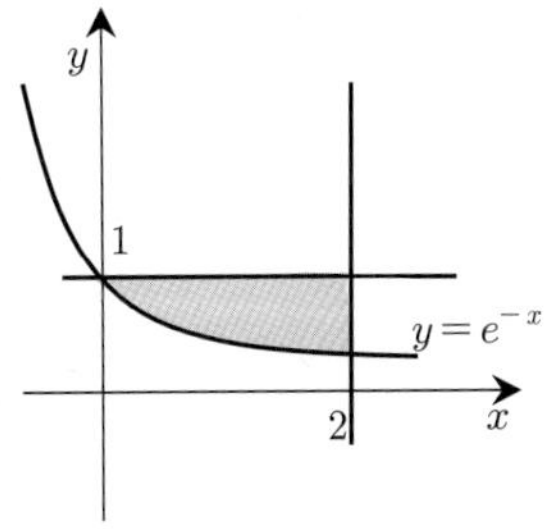

유제 6.1.3 다음 물음에 답하여라.

(1) 두 곡선 $y=x^2-1$, $y=x+1$으로 둘러싸인 영역의 넓이를 구하여라.

(2) 두 곡선 $y=\sin x$, $y=\cos x$와 $x=0$, $x=\frac{\pi}{2}$으로 둘러싸인 영역의 넓이를 구하여라.

(3) 두 곡선 $y=\ln x$, $y=x$와 $x=1$, $x=e$으로 둘러싸인 영역의 넓이를 구하여라.

정리 6.1.4 [두 곡선 사이의 넓이2]

함수 w, v가 구간 $[c, d]$에서 연속이고, $w(y) \geq v(y)$, $c \leq y \leq d$일 때, 두 곡선 $x=w(y)$, $x=v(y)$와 두 직선 $y=c$, $y=d$으로 둘러싸인 영역의 넓이는 다음과 같다.

$$\int_c^d (w(y)-v(y))\,dy$$

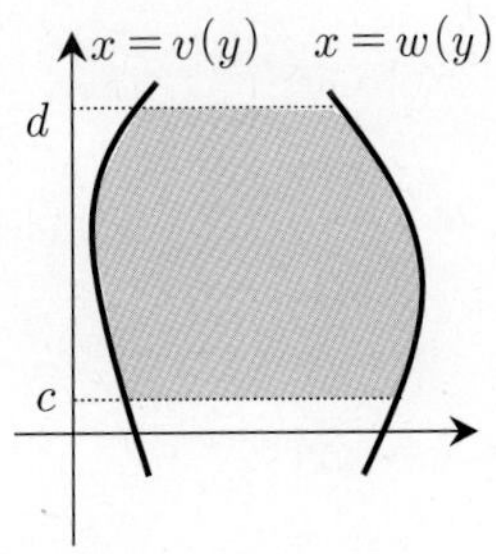

예제 6.1.4 두 곡선 $x=y^2$, $x=y+2$로 둘러싸인 영역의 넓이를 구하여라.

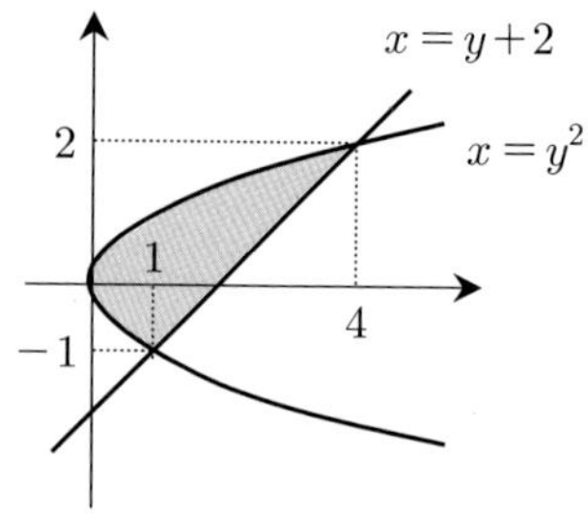

풀이 $y^2=y+2$의 해을 구하면 $y=-1, 2$이다. 따라서 두 그래프로 둘러싸인 영역의 넓이를 구하면

$$\int_{-1}^{2}\left((y+2)-y^2\right)dy=\left[\frac{1}{2}y^2+2y-\frac{1}{3}y^3\right]_{-1}^{2}=\frac{9}{2}$$ ∎

유제 6.1.4 두 곡선 $y=e^x$, $y=x$와 두 직선 $y=1, y=2$으로 둘러싸인 영역의 넓이를 구하여라.

✲ 연습문제 6.1 ✲

01.. 다음 영역의 넓이를 구하여라.

(1) 곡선 $y=2x-x^2$과 x축으로 둘러싸인 영역

(2) 곡선 $y=x^2-4$와 x축으로 둘러싸인 영역

(3) 곡선 $y=x^3$과 x축 및 두 직선 $x=-1$과 $x=1$로 둘러싸인 영역

(4) 곡선 $y=\sqrt{x}$와 두 직선 $y=1$과 $x=5$로 둘러싸인 영역

(5) 곡선 $y=\ln x$와 x축 및 직선 $x=\dfrac{1}{e}$로 둘러싸인 영역

02.. 다음 영역의 넓이를 구하여라.

(1) 곡선 $y=x^2+1$, $y=x$와 직선 $x=0$, $x=1$로 둘러싸인 영역

(2) 두 곡선 $y=x^2+3x+5$와 $y=-x^2+5x+9$로 둘러싸인 영역

(3) 두 곡선 $y=|x|$과 $y=x^2-2$로 둘러싸인 영역

(4) 두 곡선 $y=\sin x$, $y=\cos 2x\ (0\le x\le 2\pi)$으로 둘러싸인 영역

(5) 두 곡선 $y=\cos x$와 $y=1-\cos x\ (0\le x\le \pi)$로 둘러싸인 영역

03.. 곡선 $y=\ln x$ 위의 점 $(e,1)$에서 그은 접선과 이 곡선 및 x축으로 둘러싸인 영역의 넓이를 구하여라.

6.2 입체의 부피

정리 6.2.1 [입체의 부피]

S는 x축에 수직인 평면 $x=a$와 $x=b$ 사이에 놓인 입체라고 하자. 임의의 한 점 x를 지나고 x축에 수직인 평면으로 입체 S를 절단한 절단면의 넓이가 $A(x)$이고 $A(x)$가 폐구간 $[a,b]$에서 연속함수라면, 입체 S의 부피 V는 다음과 같다.

$$V=\int_a^b A(x)dx$$

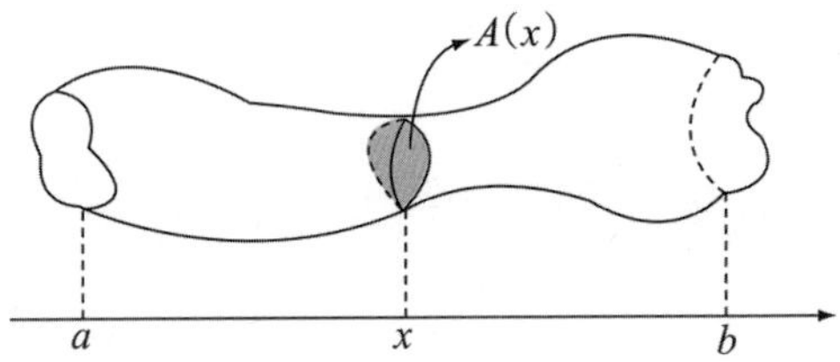

예제 6.2.1 한 변이 a인 정사각형을 밑면으로 하고 높이가 h인 정사각뿔의 부피를 구하여라.

풀이 높이가 x일 때 밑면과 평행하게 자른 단면인 정사각형의 한 변의 길이를 y라 하자. $x:h=y:a$이므로 $y=\frac{ax}{h}$이다. 즉, 높이가 x인 정사각뿔의 단면의 넓이는 $A(x)=\frac{a^2}{h^2}x^2$이다. 그러므로 정사각뿔의 부피는 다음과 같다.

$$V=\int_0^h \frac{a^2}{h^2}x^2dx=\left[\frac{a^2}{3h^2}x^3\right]_0^h=\frac{a^2h^3}{3h^2}-0=\frac{1}{3}a^2h$$ ∎

유제 6.2.1 어떤 그릇에 물을 넣는데 수면의 높이가 $x\,cm$일 때, 수면의 넓이는 $(x^2+2x+2)cm^2$라고 한다. 수면의 높이가 $10cm$일 때, 물의 부피를 구하여라.

예제 6.2.2 오른쪽 그림은 밑면의 xy평면에서 두 곡선 $y=x^2, y=-x^2+2x$로 둘러싸인 영역이고, x축에 수직인 평면으로 자른 단면이 xy평면에 지름을 가진 반원으로 된 입체이다. 이 입체의 부피를 구하여라.

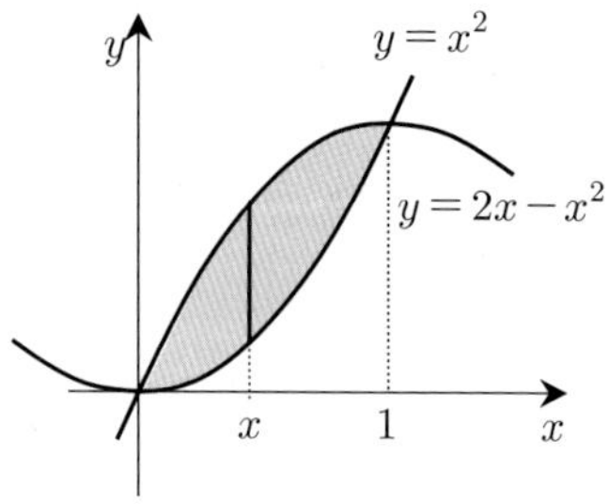

*** **풀이** 두 곡선 $y=x^2, y=-x^2+2x$가 만나는 점의 x좌표는 $x^2=-x^2+2x$에서 $x=0,1$이다. 또, 그림과 같이 점 $(x,0)$에서 세운 수선이 두 곡선과 만나는 점을 P, Q라 하면 $\overline{PQ}=-2x^2+2x$. 따라서 선분 $\overline{PQ}$를 지름으로 하는 반원의 넓이를 $A(x)$라 하면

$$A(x)=\frac{1}{2}\pi\left(\frac{-2x^2+2x}{2}\right)^2=\frac{\pi}{2}(x^4-2x^3+x^2)$$

따라서 구하는 입체의 부피를 V는

$$V=\int_0^1 A(x)dx=\frac{\pi}{2}\int_0^1(x^4-2x^3+x^2)dx=\frac{\pi}{60}$$ ∎

유제 6.2.2 곡선 $y=x-x^2$위의 점 P에서 x축에 내린 수선의 발을 Q라 하고 선분 $\overline{PQ}$를 대각선으로 하는 정사각형을 xy평면에 수직이 되도록 만든다. 점 P가 이 곡선 위를 원점에서 점 $(1,0)$까지 움직일 때, 이 정사각형이 만드는 입체의 부피를 구하여라.

예제 6.2.3 밑면의 반지름의 길이가 3이고 높이가 4인 원기둥이 있다. 밑면의 중심을 지나고 밑면과 45° 의 각을 이루는 평면으로 이 원기둥을 자를 때 생기는 입체의 작은 쪽(쐐기)의 부피를 구하여라.

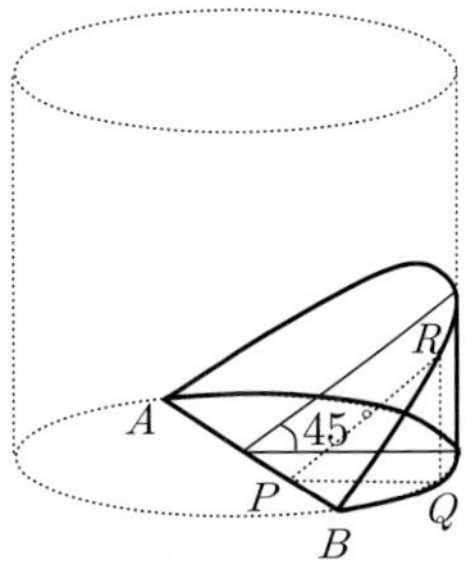

풀이 오른쪽 그림과 같이 밑면을 좌표평면으로 하여 밑면의 지름AB를 x축, 밑면의 중심O를 원점으로 하자. x축 위에 점 $P(x,0)\,(-3\le x\le 3)$을 잡고, 점 P를 지나 x축에 수직인 평면으로 자른 입체의 단면의 넓이를 $A(x)$라고 하면

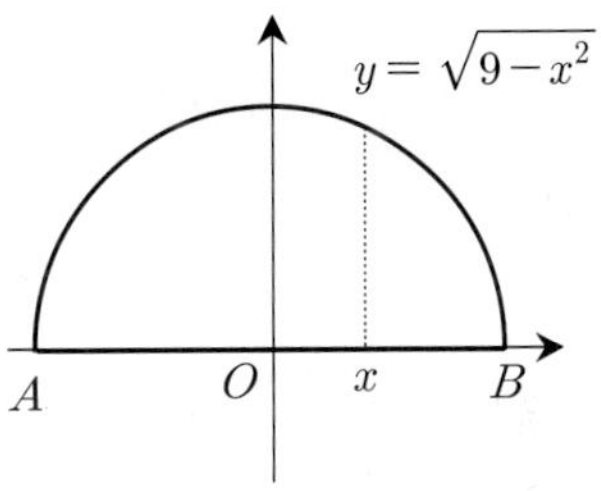

$$A(x)=\triangle PQR=\frac{1}{2}\overline{PQ}\times\overline{QR}=\frac{9-x^2}{2}$$

따라서 구하는 입체의 부피를 V라고 하면

$$V=2\int_0^3 A(x)dx=\int_0^3(9-x^2)dx=18$$

∎

유제 6.2.3 반지름의 길이가 1인 원을 밑면으로 하는 입체가 있다. 밑면의 한 고정된 지름에 수직인 임의의 평면으로 이 입체를 자른 단면이 정삼각형일 때, 이 입체의 부피를 구하여라.

예제 6.2.4 곡선 $y=\sin x\,(0\le x\le\pi)$위의 한 점 $P(x,\sin x)$에서 x축에 내린 수선의 발을 Q라 하고, 선분 PQ를 한 변으로 하는 정삼각형 PQR를 xy평면 위에 수직으로 세운다 (단, 점 R는 xy 평면에 대하여 항상 같은 쪽에 있다). 점 P가 곡선 위를 움직일 때, 정삼각형 PQR에 의하여 생기는 입체의 부피를 구하여라.

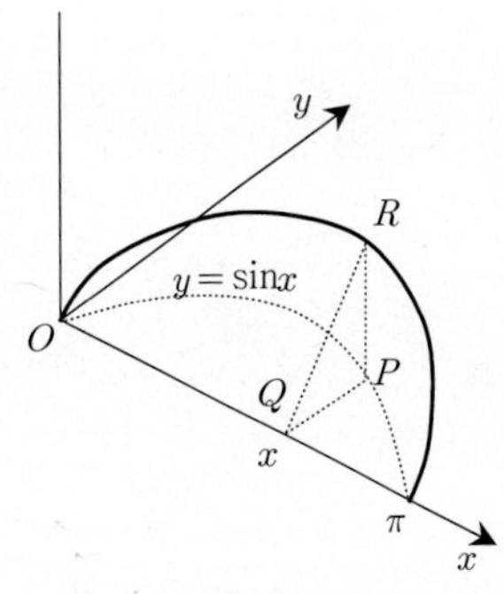

풀이 $\triangle PQR$의 넓이를 $A(x)$라고 하면 $\triangle PQR$는 한 변의 길이가 $\sin x$인 정삼각형이므로

$$A(x) = \frac{1}{2} \cdot \sin x \cdot \sin x \cdot \sin\frac{\pi}{3} = \frac{\sqrt{3}}{4}\sin^2 x$$

$$\therefore V = \int_0^\pi A(x)dx = \int_0^\pi \frac{\sqrt{3}}{4}\sin^2 x\, dx$$

$$= \frac{\sqrt{3}}{8}\int_0^\pi (1-\cos 2x)\, dx = \frac{\sqrt{3}}{8}\pi$$

∎

유제 6.2.4 두 점 $(x, 0), (x, \sin x)$를 잇는 선분을 밑변으로 하고, 높이가 $\cos x$이며, 좌표평면에 수직인 이등변삼각형이 $x=0$부터 $x=\frac{\pi}{2}$까지 움직일 때 생기는 입체의 부피를 구하여라.

✲ 연습문제 6.2 ✲

01.. $x=t$일 때, x축에 수직인 평면으로 자른 단면의 넓이가 $\frac{t}{t^2+4}$인 입체의 부피를 구하여라. (단, $-2\le t\le 2\sqrt{3}$)

02.. 어떤 입체를 x축에 수직인 평면으로 잘랐을 때의 단면의 높이가 $\sqrt{x}$인 정삼각형이다. 입체에서 x가 $x=1$부터 $x=3$까지 변할 때 생기는 입체의 부피를 구하여라.

03.. 곡선 $y=2-x^2$과 x축으로 둘러싸인 도형이 있다. 이 도형을 밑면으로 하는 입체를 x축에 수직인 평면으로 자른 단면이 모두 반원일 때 주어진 입체의 부피를 구하여라.